打造 **成功** 的人生
造

TO BUILD A
SUCCESSFUL LIFE

认真思考我们的人生目标有助于提高我们生活的质量，
有助于我们走向成功。

汪中森 / 著

**只要我们最终打造了成功的人生，
我们就能完成自身的人生使命。**

中国言实出版社

图书在版 编目(CIP)数据

　　打造成功的人生 / 汪中森著. -- 北京 ： 中国言实
出版社，2015.5（2022.9重印）
　　ISBN 978-7-5171-1302-7

　　Ⅰ．①打… Ⅱ．①汪… Ⅲ．①成功心理－通俗读物
Ⅳ．①B848.4-49

　　中国版本图书馆CIP数据核字(2015)第083642号

责任编辑：陈昌财

出版发行　中国言实出版社
　　　　地　　址：北京市朝阳区北苑路180号加利大厦5号楼105室
　　　　邮　编：100101
　　　　编辑部：北京市西城区百万庄路甲16号五层
　　　　邮　　编：100037
　　　　电　话：64924853（总编室）64924716（发行部）
　　　　网　址：www.zgyscbs.cn
　　　　E-mail：yanshicbs@126.com
经　　销　新华书店
印　　刷　三河市京兰印务有限公司
版　　次　2015年8月第1版　2022年9月第2次印刷
规　　格　787毫米×1092毫米　1/16　印张18
字　　数　200千字
定　　价　39.80元　　ISBN 978-7-5171-1302-7

前　言

◆ 相信自己行就一定能创造奇迹

没有什么器官是我们不具备的，尽管可能某些器官处于活跃的状态，而某些器官则处在休眠的状态，但只要是属于我们的器官，就要想办法将其激活，使其不断发展活跃。然而我们的目标是充分利用现有的条件，尽可能取得更大的成就。因此我们最好是先发展我们原本就具有的某些才能。原本就有些发明创造才能的人，应该相信自己的能力，这样就会使自己的发明创造才能不断增长；原本就有些音乐才华的人应该相信自己的音乐才华，这样就可以将思想的创造性能量凝聚到掌管音乐的器官上，使自己的音乐才能不断增长；而对于原本就有些艺术才华的人来说，同样也是如此；原本就显示出某些文学天赋的人，则应该相信自己的文学才华，这样就可以发展自己的文学天赋，成为一个天才的作家。

不管一个人具有干哪一行的天赋，都应该相信自己的能力，相信自己如果做就能取得成功。一旦他真的入了这一行，并且能做到对自己的能力深信不疑，而且能够努力和坚持，那么他离成功就不远了。

不管一个人认为自己能做什么，都要着手去做，并且始终相信自己，他会从一开始就取得成功的，而且会一直不断地进步，不断取得更大的成就。但是我们不应拘泥于某一个单一的目标，如果我们有能力实现更高的目标，或者如果我们希望能激发自己渴望拥有的某方面潜能，那么就要相信自己具有这方面的才能，这样就可以使相应的器官越来越强大，最终具备我们想要的能力。与此同时还要始终相信自己可以做得比现在更好，这样以来我们不仅可以使目前的工作稳步前进，而且可以为将来实现更高的目标打下基础。要想充分发挥思想的建设性作用，我们应从"相信自己行就一定能行"的观点出发，无论做什么都深信自己一定能行，这种思想可以给我们带来无穷的力量。这个观点得到了大多数人的赞同，但赞同归赞同，一般说来却不相信这是个绝对的真理。他们承认相信自己能行，可以给自己增加自信，使自己变得更加坚定，但除此之外并不觉得这样想还能有什么作用。他们并没有意识到这确确实实是一个绝对的真理，而且是玄学领域最重要的真理之一，因为它可以提高我们的能力和工作效率。

这种观点的科学原理及其应用具有无尽的潜能，因此相信这种观点的人，几乎可以成就一切。当一个人认为自己有能力做好某件事情的时候，思想就会对与目标实现紧密相关的器官采取行动，器官在采取行动后会为身体提供源源不断的营养，就会使其生命与能量不断增强。其结果就是相应的器官会不断发展壮大，变得越来越发达、强大、高效，直至最终完全有能力去做我们想做的事。这样我们就明白为什么相信自己行的人就一定能行了。

　　当一个人想发挥自己的发明创造才能时，思想就会对负责发明创造的器官起作用，激活它内在的潜力，使它越来越活跃。不仅如此当我们将思想集中到某一特定的器官时，还会将体内的其他能量吸引到这一器官上来，而外来的能量与内在的能量相叠加又能吸引更多的能量加入进来，如此无限地增长下去，与之相对应的器官也会无限地增长。经过一段时间后，也许几个月，或许几年，终会使自己的发明创造力达到相当的程度，成为一个成功的发明家。如果继续运用同样的原理，使发明创造的器官进一步发展，年复一年，最后就可以成为一个发明天才。如果一个人原本就具有一些发明创造的才能，那么运用起这一原理来就可以在更短的时间内取得更大成就；但即使原本并没有什么这方面的才能，通过这一伟大原理的应用，也可以发展出这样的才能——因为认为自己行的人就一定能行，或者换句话说——相信自己的能力就能发展自己的能力。

　　海罗德·劳埃德在两三年前画过一幅画。

　　一个乡下小男孩，非常害怕自己的影子。因为这个原因，他遭到了小伙伴们的羞辱。这种情况直到他的祖母送给他一个护身符，才有所改观。她的祖母说，这个护身符曾为他的祖父带来过好运，让他在美国内战中幸运地生还。所以她肯定这个护身符可以让它的拥有者无所不能，只要孩子带上护身符，就再没有什么能伤害他或与他对抗。男孩对祖母的话深信不疑。从那以后，村子里爱欺负人的坏小子们都开始围在他周围逢迎他，甚至心甘情愿为他掸去裤腿上的尘土。这才仅仅是故事的开始，多年之后他已经成为社会上享有声誉的、最具开创精神的人。当他的祖母感到他已经完全摆脱从前的阴影时，才把真相告诉他，其实那块具有魔力的护身符只不过是她在路边捡起的一块旧舢板部件。她知道男孩所需要的是对自己持有信心，相信自己可以把这些事情做得很好。

这样的故事还有很多。你只能做你认为有能力做的事，这是一个很明显的道理。作家和导演都喜欢这种题材。我想起几年前曾看过的一个故事：主人公是普普通通的画家。有一次，当他参观滑铁卢战役的战场时，偶然发现了一块半掩在泥土中的金属块。它的样子很奇特，一下完全吸引了他的注意，于是画家把它拣起来放进了口袋。在那之后不久，他发现自己的自信心猛增，他完全信任自己的能力，不仅在自己选择的工作领域中，在其他方面也相信自己可以解决各种可能遇到的问题和困难。后来他画了一幅伟大的油画，仅仅为了说明他有能力做到。但他并不满足于此，他还在头脑中设想了一个以墨西哥为基础不断向外扩张壮大的帝国。事实上那次设想差一点就完成了，但就在他雄心勃勃的时候，他的护身符却弄丢了，然后他的梦想也迅速地被破灭了。

最终，本书告诉了大家一个道理：相信自己，就能会创造奇迹。

| 目　录 |

第一章　树立成功的目标

没有目标的人，只能把精力放在不相关的小事情上，而小事情使他们忘记了自己本应做的事情。目标达到时，你自己成为什么样的人比你得到什么东西重要得多。

◆ 目标的真谛 ·· 3

◆ 明确目标是成功的关键 ······················· 6

◆ 思考的目标 ··· 13

◆ 找准你的人生目标 ······························· 16

◆ 有一个明确的目标 ······························· 23

◆ 制订属于自己的目标 ··························· 26

第二章　制订一生的成功计划

对自己的未来没有预见的人，往往会被眼前的利益蒙蔽住双眼，而看不到远方的危险，他们的权力会在这个过程中丧失。所以，要学会高瞻远瞩，培养自己预见未来的能力。

◆ 掌控生命始于规划人生 …………………… 33
◆ 规划自己的人生线路 ……………………… 36
◆ 不给自己留退路 …………………………… 39
◆ 你能控制一切 ……………………………… 41
◆ 模仿他人就会失去自己 …………………… 44
◆ 改变自己才能改变世界 …………………… 49

第三章　找到自己的舞台

你是自己命运的主人，是自己灵魂的领航人，要走什么样的路是你自己的选择。因此，不要忽视你自己的工作舞台在那儿。只有找到属于自己的舞台，才能把握自己的人生。

◆ 定位决定地位 ……………………………… 55
◆ 找准自己的定位 …………………………… 58
◆ 设定位置要适可而止 ……………………… 61
◆ 明白想要的是什么 ………………………… 65
◆ 做自己喜欢的工作 ………………………… 70

第四章　把握自己

这个世界上，有许多默默无闻的人大都不明白自己究竟为什么而活？因为清楚自己为什么而活的人，都成为了富甲一方的富豪或者过上了无忧无虑的生活。如果你想换一种活法，开始一个新的人生，那么，你就必须先把握好自己的心态与选择。

◆ 命运就攥在你自己手里 …………………… 77
◆ 操之在我，控制情绪 ………………………… 80
◆ 做最优秀的自己 ……………………………… 87
◆ 不要自寻烦恼 ………………………………… 92
◆ 跨越恐惧的困惑 ……………………………… 97

第五章　开发自身的潜力

每个人的一生都不可能是风平浪静、一路平坦的，会遇到许多的坎坷和困难，若不去正视与克服这些关隘，就会彻底地堵塞通往成功的大路，而克服这些困难就需要我们具备这种知难而进的精神，这便是我们通向成功的必经之路，也同样能够成为我们通向成功的捷径。

◆ 成功就是不断开发自己的潜能 …………… 107
◆ 你的潜能是无穷的 ………………………… 111
◆ 提升他人的感觉阈限 ……………………… 113
◆ 挖掘自身的宝藏 …………………………… 116
◆ 善用你的潜能 ……………………………… 121
◆ 自我超越，打开沉睡心中的潜能 ………… 125

第六章　发挥决定成功的力量

每攻克一个困难，每获得一次成功，你就会对自己的力量更自信，就会拥有更强的能力。力量源于心态。如果具备成功的心态和坚定的目标，那么你就能从无形的精神世界中汲取力量。

◆ 先做成功者，然后成功 …………………… 131

◆ 做自己忠实的信徒 …………………… 137

◆ 完美地表现自我 …………………… 141

◆ 正确地暗示自己 …………………… 149

第七章　驱走阻碍成功的恐惧

恐惧是每个人生命的一部分，它总是变换不同的方式出现在我们的前面，从我们出生，直到我们生命的结束。我们无法逃离恐惧，但是我们却可以控制它，战胜它，做回自己心灵的主人，重新获得心灵的宁静。

◆ 战胜恐惧 …………………… 157

◆ 用自嘲驱散恐惧 …………………… 162

◆ 拥有勇气就不会恐惧 …………………… 166

◆ 自卑不可怕 …………………… 169

◆ 不可宽恕之罪 …………………… 174

◆ 没有开发的矿产 ……………………………… 177

◆ 人人都有机会成功 …………………………… 180

◆ 调整自我，适应变化 ………………………… 184

第八章　智慧主宰成功

没有人会否认，智慧主宰世界！智慧是推动人类进步和发展的神圣之手。但是却很少有人认识到我们自己的头脑也是这种"宇宙智慧"中的一种。就相当于太阳的射线也是太阳的一部分一样。如果我们能够与自然之道和谐相处，我们可以从中获取所有的力量和无穷的智慧，就相当于太阳发射出来的射线从太阳中获取光和热，并把它们带到地球上一样。

◆ 知识就是力量 ………………………………… 191

◆ 智慧的力量 …………………………………… 194

◆ 智慧主宰世界 ………………………………… 197

◆ 宇宙智慧的无限威力 ………………………… 199

◆ 让智慧为你服务 ……………………………… 202

◆ 使"假设"创造价值 ………………………… 206

◆ 走向成功的智慧法则 ………………………… 210

第九章　健康是成功的基石

人类是生命物质的一种形态，人体内存在着健康之源。当这种健康之源处在全面的建设性状态时，人体的所有非自发官能将会表现完美。人类即思想物质弥漫在有形的肉体之中，肉体的运作受思想支配。构建健康的力量弥漫在万物之中。人类可以把自己与这种力量联系起来，使自己与这种力量相互统一。同样，人们也能够在思想中把自己与这种力量相分离。

◆ 健康的基石 ……………………… 215

◆ 长寿的秘密 ……………………… 218

◆ 人为什么会死呢 ………………… 221

◆ 自己决定自己的年龄 …………… 225

◆ 害怕是疾病之源 ………………… 228

◆ 清洁 ……………………………… 230

第十章　成功之路

　　什么样的人能获得最大的成功？是那些只知道捞取每一分钱而不思回报的人吗？还是那些总在努力创造更多的价值，所做的工作永远比应该做的多一些的人？当天平最终平衡时，哪怕是一根稻草也会像一吨货物一样使天平偏向一边。同样道理，多一点价值，多一点付出会使一个人或是一项生意如巨人立于矮人国一样从无数的平庸之辈中脱颖而出，依靠他们额外的努力获得相对更好的结果。

◆ 思想之路 …………………………………… 233
◆ 思维与疾病 ………………………………… 238
◆ 成功靠一种感觉 …………………………… 241
◆ 吸引力法则 ………………………………… 245

第十一章　成功总是宠爱勇敢者

　　在通往成功的旅途中，挫折无处不在，可以说挫折伴随着我们前进的每一步。经历磨难并非坏事，如果能拿出勇气勇敢地面对，困难与挫折过后，往往会迎来胜利和喜悦。

◆ 勇于行动 …………………………………… 251
◆ 要有冒险精神 ……………………………… 257
◆ 带着勇气上路 ……………………………… 263
◆ 勇气引领人生 ……………………………… 269

第一章
树立成功的目标

　　没有目标的人，只能把精力放在不相关的小事情上，而小事情使他们忘记了自己本应做的事情。目标达到时，你自己成为什么样的人比你得到什么东西重要得多。

◆ 目标的真谛

在每个人的体内都有一颗生命的种子，以无尽的力量将它认为表达自我所必需的任何东西占为己有。无论你是谁、无论你的境况如何、受过何等教育、有什么样的优势，你体内生命的种子有着同样的力量。

是什么原因使得爱德华·博克这样一个贫穷移民的孩子，克服了一切语言和教育上的不足，最终成为我国历史上最伟大的编辑之一呢？

是什么原因导致如之前所提到的这样一个事实：在第一次世界大战前几年美国的4043个千万富翁中，除了69人外，其他人小时候穷得甚至连中学也上不起。

是不是环境条件越是一同压制它，你体内的生命就越是强烈地渴望表达自我？越是缺乏扩张的渠道，就往往越是要挣脱束缚，朝着四面八方出击呢？

哪条河上筑了坝，哪条河产生的力量就最大。我们大多数人所处的地位有很多表达的机会。而机会就像锅炉上的安全阀——既可以给我们提供充足的蒸汽做有价值的事情，也可以让我们得不到足够的力量挣脱自己的束缚、扫除前进道路上的一切障碍。

然而，只有这样不可抵抗的蒸汽头脑才能获得巨大的成功。这就是为什么当我们之下的所有人被击倒之时，往往正是我们职业生涯的转折点的原因。我认识一个人，在他失业5年后，他达到了自己的目标，成为竞争对手公司的头，而这家公司在美国拥有其行业内的最大权威。如果他继续在原来的公司当一个销售人员，你认为他可能获得如此巨大的回报吗？

不可能，完全不可能！他当时过得太好了。有一个舒适、和睦的家庭、一份稳定的收入、舒适的工作环境。他为什么要自寻烦恼？那个关于叼着骨头望着水中的倒影的狗的古老寓言，使得许多人在手中握着相对较好的机会时，放弃了寻求一个更好机会的机会。他害怕自己可能是为了妄想而放弃了实实在在的东西。

许多人怀着羡慕、嫉妒的心情看待那些取得成功的人，总认为他们取得成功的原因是有外力相助，于是感叹自己的运气不好。孰不知，成功者取得成功的原因之一，就是由于确立了明确的目标。

一个人有了生活和奋斗的目标，也就产生了前进的动力。因而目标不仅是奋斗的方向，更是一种对自己的鞭策。有了目标，就有了热情、有了积极性、有了使命感和成就感，那么，该怎样制定合适的目标呢？拿破仑·希尔的建议是：

●目标应该是明确的；

●目标应该是实际的；

●目标应该是专一的；

●目标应该是特定的；

●目标应该是长期的；

●目标应该是远大的。

拿破仑·希尔同样指出，制定目标并且朝目标不懈努力，可以帮助你把握住自己的命运，主要原因有以下10个：

（1）目标给了你生活中为之奋斗的目的和方向。

（2）目标给出了你不要拖延的最好的理由。

（3）目标可以帮助你集中精力，朝着你选定的目标不懈地努力。

（4）目标可以激起你工作的热情。

（5）目标可以使你在愿意帮助你的人的帮助下，更有效率。

（6）目标能给你自己、你的老板和你生活中其他的人节省时间。

（7）目标可以有助于你挣钱和积攒钱财。

（8）目标可以帮助你以长远的观点来看问题。

（9）目标可以使你对自己有一个清醒的认识。

（10）目标是你制定新目标的基础，它可以帮助你抓住机遇，不断发展。

◆ 明确目标是成功的关键

有些人也有自己奋斗的目标，但是他的目标是模糊的、泛泛的、不具体的，因而也是难以把握的，这样的目标如同没有。

比如，一个人在青少年时期确定了要做一个科学家的目标，这样的目标就不是很明确。因为科学的门类很多，究竟要做哪一个学科的科学家，确定目标的人并不是很清楚，因而也就难以把握。

目标不明确，行动起来也就有很大的盲目性，就有可能浪费时间和耽误前程。

生活中有不少人，有些甚至是相当出色的人，就是由于确立的目标不明确、不具体而一事无成。

目标明确了，我们就能更好地与人沟通。想一想你见过或听说过的那些善于沟通的人吧。他们有一个共同特点就是能把复杂的事情用简单的语言清楚地表达出来。换言之，他们的思想有条理、有重点。这样，人们才能理解他们所说的话。制定目标也起着类似的作用。它能使我们对将来的种种成功构想有条理。因为这些构想有条理、有重点，我们向别人讲述时就容易说得清楚，别人也容易理解并提供支持。

不成功者有个共同的问题，他们极少评估自己取得的进展。他们大多数人或是不明白自我评估的重要性，或是无法量度已取得的进步。

目标提供了一种自我评估的重要手段。如果你的目标是具体的、看得见摸得着的，你就可以根据自己距离最终目标有多远来衡量目前取得的进步。

下面是我借用的一个例子，这是一个很好的体现目标的例子。

费罗伦丝·查德威克是第一个游过英吉利海峡的女人。她曾经对那次游泳做出这样的解释："我深深地记得，那是1952年7月4日清晨，当天加利福尼亚海岸笼罩在一片浓雾之中。那一年，我才34岁，那天，我如果游过去，那么我将是第一个游过这个海峡的妇女，可惜的是那一次我失败了。

"那天早晨，海水冻得我的身体发麻，雾很大，我几乎看不见护送我的船。时间一小时一小时地过去，我一直不停地游。15个小时后，我又累又冷。我知道自己不能再游了，就叫人拉我上船。我的母亲和教练在另一条船上，他们都告诉我离海岸很近了，叫我不要放弃。但我朝加州海岸望去，除了茫茫大雾，什么也看不到。又过了几十分钟，我叫道：我实在游不动了。当他们把我拉上船来，几个小时后，我渐渐暖和多了，这时却开始感到失败的打击，我不假思索地说：'说实在的，我不是为自己找借口，如果当时我看见陆地，也许我能坚持下来。'

"其实，那个时候，我离加州海岸只有半英里！但令我半途而废的不是疲劳，也不是寒冷，而是因为我在浓雾中看不到目标。就是因为我没有看到我的目标，所以我失败了，这也是我一生中唯一一次没有坚持到底。

"不过，在两个月后，我成功地游过了同一个海峡，同时我还是第一个游过卡塔林纳海峡的女性，而且比男子的纪录还快两个小时。"

查德威克虽然是一个游泳好手，但她也需要有清楚的目标，才能激发持久的动力，才能坚持到底。

由此，我们可以看出，任何一个人都需要拥有一个目标，只有在目标的指引下，我们才能走向成功。有了目标，我们就能有更大的干劲，有更加持久的力量。

所以，拥有目标的好处在于，我们只有知道自己的目标在哪儿，才能走上正确的轨道，奔向正确的方向。并拥有强大的动力，有了目标，即使在做一件最微不足道的事情，也都会有其意义。在工作中，往往有员工没有目标，而使工作变得乏味，使生活也变得不再有意义。而有目标的人在工作中总是能使价值最大化，获得更长远的发展。

著名的哈佛商学院对于个人的人生目标，做了个实验，这是他们对一群青年人的人生目标的跟踪调查结果：

3%的人有十分清晰的长远目标，25年后发现这些人成为了社会各界的精英、行业领袖；

10%的人有清晰但比较短期的目标是各专业各领域、事业有成的中产阶级；

60%的人只有模糊的目标，因此胸无大志、事业平平；

27%的人毫无目标则是生活于底层，入不敷出。

由此可以看出目标对于我们来说是多么的重要，生活中有很多人没有确定的目标和抱负，没有规划良好的人生计划，而只是一天天地得过且过，我们不能不感到触目惊心。在生活的海洋中，我们随处都可以看到这样一些年轻人，他们只是毫无目标地随波逐流，既没有固定的方向，也不知道停靠在何方，他们在浑浑噩噩中虚掷了许多宝贵的时光。他们在做任何事时都不知道其意义的所在，他们只是被裹挟在拥挤的人流中被动前进。如果你问他们中的一个人打算做什么，他的抱负是什么，他会告诉你他自己也不知道到底要去做什么。他只是在那儿漫无目的地等待机会，希望以此来改变生活。

由于绝大多数人对于自己未来的目标及希望，只存有模糊不清的印象，因而他们通常到达不了目的地。试想，一个人没有目标，又如何到达终点呢？明确的目标能够对生活产生巨大的影响力。它使得我们的努力凝聚到一处，并为我们的工作指明了奋斗的方向，因而我们的每一步都稳重而有力，我们的每一步都是朝着目标前进。

有目标的人会义无反顾地前进，他们不畏艰辛地追求自己的人生理想，尽管他们所追求的理想有时难以实现，但他们还是认为只要树立了目标，本身就有一种吸引力，不顾一切地去奔赴。

所以说，人生是受目标驱使的，目标就是由一个一个的目的组成的。

拿破仑·希尔说："没有目标，不可能发生任何事情，也不可能采取任何步骤。如果一个人没有目标，就只能在人生的路途上徘徊，永远到不了任何地方。"生命本身就是一连串的目标。没有目标的生命，就像没有船长的船，这船永远只会在海中漂泊，永不会到达彼岸。

海夫纳1926年4月9日出生在一个犹太人家里。他的父亲在美国的一家铝制品公司工作，而母亲只是一个家庭妇女，所以家里的收入不算多，一家人的生活也过得不太富裕，只能是清清贫贫。

转眼海夫纳中学已经毕业了，他也不想再读书了，当时正是第二次世界大战激烈之时，他说服了父母，带上自己的行李应征参军了。

海夫纳是幸运的，1945年大战结束后，完好无缺的海夫纳退役了。由于当时美国规定持有军方推荐的证件，军人可以优先进入大学。海夫纳拿着证明又一次走进了大学。他在大学期间，美国一位姓金的博士发表了关于女性行为的文章，在社会上引起了轰动。海夫纳对金博士的文章也很感兴趣，从此他经常阅读关于女性方面的文章。而且海夫纳现在所做的一切，也为他以后的事业打下了很好的基础。

事实上，我们在许多的书上都会感觉到，犹太人有一种普遍的特性，他们从青少年期间就开始树立自己的人生目标，在以后的日子里将会千方百计地为达到目标而奋斗。

1949年海夫纳大学毕业了，在芝加哥一家漫画公司找到了一份工作，每月才有135美元的工资，在当时，他的收入是很低的，所以他仍然住在父母的房子里，甚至结婚后的很长一段时间没有自己的房子。

因为在美国，男人一般成人后或参加工作后，都会搬离父母家，单独在外居住，可海夫纳收入不多交不起房租，所以只好住在父母家里，因此海夫纳遭到了很多人的嘲笑。可是海夫纳并没有感到悲伤。

对于在心里早就确立了奋斗目标的海夫纳来说，他并不是一个很守旧的人，他在漫画公司工作了一年多后，经过四处寻找，终于找到一家叫《老爷》的杂志聘用他，每月的工资是240美元。其实对于海夫纳来说，他找这份工作的真正原因并非是为了多出的100多美元，他的目的是在这家公司学习经营手法和熟悉杂志市场。

1951年的海夫纳已经对《老爷》杂志的运作了如指掌了，那时他要求加工资，但老板不答应。于是，海夫纳离开了这家杂志公司，开始了自己的创业。他也决定办一种和《老爷》差不多的杂志，要让《老爷》成为过去。可是海夫纳毫无资本来运作杂志社，所以，他的创业成为了梦想，让他搁置了起来。为了生活、为了创业，他又到了一家杂志社工作，此时他的工资已经达到了400美元一月。

一段时间以后，海夫纳又开始了他的创业路程，这次，海夫纳从父亲那里借了几百美元，另外从银行贷了400美元，加起来刚好1000美元，海夫纳有了自己的目标，所以决定用这点钱作为本钱，办一本叫《每月女郎》的杂志。由于他在《老爷》杂志那儿得到了很多经验，所以他做起来很顺利，第一期就卖出了5万多册。

为什么会这么畅销呢？原来，海夫纳在创刊号时就搞了一个大手笔，他把仅有的1000美元中的500美元用来买了一个金发女郎的裸照。大家都知道美国是个自由社会，所以对性的强调达到了令人难以置信的地步，裸照也得到了认可。

而且，海夫纳的杂志是以裸照为主的一本画册，正好迎合了美国社会的潮流，所以他的第一本杂志畅销无比。比《老爷》有过之而无不及，因为他比《老爷》更加开放。

后来，因为《老爷》杂志的原因，海夫纳把《每月女郎》改成了《花花公子》，海夫纳的杂志非常受欢迎。十多年过去了，海夫纳的《花花公子》杂志达到了发行量的巅峰，每期的销量高达650万册，而此时的海夫纳也成为了世界有名的出版界富豪。

从海夫纳的例子，我们再结合世界上的所有成功者，就会发现他们都有共同的特点，那就是他们都拥有人生的明确目标规划。为了完成他们的目标，他们反复思考，努力实践，他们在积极地向自己的目标前进时，赢得了精彩的人生。

迈克·约翰逊是美国短跑名将，他为了挑战人类体能极限，遭受了各种挫折，也曾历经两次奥运的失败。但他没有放弃自己成为世界冠军的目标，当他遇到重大挫折时，他会无数次地重复和努力，他相信自己能再次站立起来。

他在夺得亚特兰大奥运会400米赛跑冠军时，有位记者这样形容当时的精彩场面。"当枪声响起，他如飞而去，不一会儿就把所有的选手甩在后面。他专心一意地注意跑道，观众的喧哗声似乎从他的耳中渐渐退去，其他的选手好像也不存在了，眼前只剩下他和脚下的跑道，心中有一个自然的节拍在运作着，他全神贯注在目标上。"

如果你认为只有特殊重要人物才会拥有目标，你就永远无法超越平庸的角色。每个人都有梦想的权利，而目标就是我们要实现的梦想。

没有目标，你就不会有进步，也不可能采取任何实践的步骤。且不说人要有长期目标，就拿一件最简单的事来说：假如你在今天没有明确要做的事情，那么，你就会在今天东摸摸，西逛逛，糊里糊涂地过完一整天，没有一点收获。同样，一个人如果没有目标，没有对人生的规划，那么，他这一生也会像这一天一样，没有任何价值。

一个人若想拥有成功，首先要定义"成功"的界面，这个界面就是目标——一个明确的目标。它是所有行动的出发点。

◆ 思考的目标

一个人确立奋斗的目标，一定要根据自己的实际情况来确定，要能够发挥自己的长处。

如果目标不切实际，与自己的自身条件相去甚远，那就不可能达到。为一个不可能达到的目标而花费精力，同浪费生命没有什么两样。

在我们生活当中有不少人会有这样的体验，虽然每天准时上班，每天按计划完成该做的事，但总觉得生活呆板，缺乏活力。似乎该做的事都已经做了，生活中再也找不到还能去做选择和努力的地方。

自己没有的经历并不代表别人也没有。那是一件令我伤心的事，我的好友杨忠平在我老家是一个著名的私营企业家。可在他事业有成、名声大振、金钱无数的时候，他让我们吃了一惊，走上了一条死亡之路，选择了跳楼自杀，这是为什么呢？问题出在哪里？在他的最后一封信中说道："我想我的人生只能是这样的，我不能使企业再扩大发展了，因为已经是我能力的极限了。不过，一切都可以了。我想，也没有其他的事可以让我感兴趣了，也许这种新开始是我最好的选择。"这件事从表面上看，是因为反复循着同样的生活方式，没有新鲜的感受，没有新的创意生成，产生了厌倦和疲劳，使身心感到耗竭，所以才选择这样的道路。但有很多专家也为此做了探讨，对于杨忠平这件事我们再往更深的层次看。也许可能这么说，杨忠平由于目标定得不够高，成功后就再也看不到更高的奋斗目标了；也许有着不切实际的预期，这样，无论学业、事业多么的成功，都无法达到预期的要求；也许是认识不到自己工作的成就和价值；也许是把自己的目标定得太窄，于是生活变得刻板，没有生气。所以最终选择了自杀，以此来结束自己的一生。

由此可以看出，认真思考我们的生活目标有助于提高我们的生活质量，有助于我们走向成功。我们每个人都渴望成功，都渴望财务自由，都渴望干自己想干的事，去自己想去的地方。但是要成功就要达到自己设定的目标或是完成自己的愿望。

所以说，我们要想成功就要设定目标，没有目标是不会成功的，没有目标生活就会一团糟，那么，如何确定自己的生活目标呢？为了确定我们的生活目标，拿破仑·希尔建议：闭上眼睛一分钟，想像一下从现在开始，10年后你的生活是什么样子，要对自己有信心。确定一个能满足你生活中需要和渴望的财政目标是很重要的。

拿破仑·希尔曾经指出：在选择生活目标的时候，你必须回答以下三个重要的问题：

（1）我是谁？

（2）我在这里干什么？

（3）我的目标在哪里？

在前两个问题的基础上，可以用一个简单的句子归纳出你一生追求的目标。

当你确立你生活的目标时，要知道，你的生活中有很广阔的发展空间。拿破仑·希尔认为，做好下面的选择对你来说是很重要的：

（1）事业——它不仅会带给你经济方面的报偿，而且能满足你深层次的精神需求，使你体会到生活的意义。

（2）个人和家庭关系——它们可以让你的生活充满爱意。

（3）团体和宗教的目标——它们可以同时满足你在精神和为他人做贡献方面的需求。

（4）文化和娱乐的目标——它可以丰富你的生活，让你的生活充满乐趣。

由以上拿破仑·希尔的论点，我们完全相信，在实现理想的道路上，不管存在怎样的艰难险阻，我们最终都能达到目标，完成自身的人生使命。只要我们的想像是合理的，结果就会成为我们所希望的那样，成为我们本来应该的那样。只要我们牢记理想，坚忍不拔，我们就会成为实现自己理想的人，成为一个尽善尽美的人。我们会拥有强健的体格、聪明的头脑、良好的素质和高尚的心灵。

◆ 找准你的人生目标

一个人想要过一个理想完美的人生，就必须先拟定一个清晰、明确的人生目标。要特别重视正确把握自己的目标和限定达到目标的日期。

像这样设定明确的目标是非常重要的。如果能正确地把握自己的目标，并限定达到的期限，就能产生把自己的力量发挥到极致的意愿，为实现目标而全力以赴。

一个人确定的目标要专一，而不能经常变换不定。

确立目标之前需要做深入细致的思考，要权衡各种利弊，考虑各种内外因素，从众多可供选择的目标中确立一个。

一个人在某一个时期或一生中一般只能确立一个主要目标，目标过多会使人无所适从，应接不暇，忙于应付。

生活中有一些人之所以没有什么成就，原因之一就是经常确立目标，经常变换目标，所谓"常立志"者就是这样一种人，许多人之所以在生活中一事无成，最根本原因在于他们不知道自己到底要做什么。

一年前，我去琦金国际企业顾问有限公司，在那儿，我见到了好友李雄先生，我们就以目标的话题展开了一次长谈，李雄先生说："在生活和工作中，明确自己的目标和方向是非常必要的。只有在知道你的目标是什么、你到底想做什么之后，你才能够达到自己的目的，你的梦想才会变成现实。"

我接着他的话题说道："是的，人生一世，没有目标，等于失去行动的方向。这个道理再简单不过了，但为什么有很多人总是找不到自己的目标呢？"

"嘿嘿，是这样的，原因就在于他缺乏确定自己目标的能力。那些成大事者，非常善于在行动之前，通过自己的思维和判断来找到一个适合自己能力发展的目标，因为在他们看来，找准目标就等于成功了一半。"

"大多数人在人世浮沉中，并不了解他们的未来是自己造就的，他们在工作中喜欢干到哪儿算哪儿，他们从来没有一个长远的计划和明确的目标。而少数有卓越成就的都是了解自己追求什么，并且有完整计划的人。这些人很清楚自己想要什么，而且要如何获取。所以说，一个人只有先有目标，才有成大事的希望、才有前进的方向。"李雄笑着这样说道。

我也感慨地说："是啊，不管是工作还是生活，目标的设定都是最基本的要求。要是没有目标，我们就永远不晓得自己该往何处去。生活要是没有了目标，就只能一成不变地延续着，我们就会像行尸走肉一样，生活没有追求，迷失在茫茫人海中。说得更直白一点，没有目标也就像我们花了一堆时间在规划婚礼，却从没打算结婚一样，我们所做的一切到头来都是一场空。还有些人更糟糕，老是误将短期的计划当做是目标规划。比方说，老在计划着假期要到什么地方去玩，但却不为生活做点实际的规划。对于这种人而言，生活只是由假期来做一个片段一个片段的切割，和做一天和尚撞一天钟没有什么区别。"

这时李雄接过了我的话，说："这是发生在我们公司的一个小故事，在我们单位有一个22岁的员工，因为对自己的工作不满意，他跑来对我说：'李总，我对我现在的工作并不满意，我对自己的生活目标是：找一个称心如意的工作，改善自己的生活处境。然后再回到学校去读书，然后出国旅游，可是，现在的工作，连自己的日常生活都满足不了，我还渴望什么呢。'这位员工讲到这里，脸上露出无奈的表情，于是我问他：'如果你现在对你的工作不满意，那么，你想从事什么样的工作呢？'

"'我也不知道，所以我才向你请教。'这位员工讲到这里想了想说，'我想去从事销售，可是我没有信心，如果不去呢！又觉得做销售工作很赚钱。'

"'那你认为你做什么样的工作才适合呢？你认为做销售你就能适应吗？'我接着问，'我现在想问你，你生活的目标是什么，你最需要实现什么？'

"'我也不知道，'这位员工回答说：'这么多年以来，我一直没有考虑过你刚才问的这些问题。'

"'如果让你选择，你想做什么呢？你真正想做的是什么？'我对这个话题穷追不舍。

"'我真的不知道，'这位员工困惑地说：'我真的不知道我究竟喜欢什么，我从没有仔细考虑这个问题，我想我确实应该对自己要重新认识了，我应该给自己树立目标了。'

"于是，我给她提了一个建议，我说：'我想你应该向部门领导申请给你换个工作岗位。但是，你不知道你想去哪个部门。你对去销售部还犹豫不决，去开发部还捉摸不定，你不知道你该干什么工作，你也对你将来的工作没有信心，那么，现在你就要去做两件事：第一：看清楚你要的是什么，而大多数人从来不知道要这么做。第二：要有必须为成功付出代价的决心，然后想办法付出这个代价。如果你能做到这两点，那么，你离成功也就不远了。'

"我最后和这位员工一起进行了彻底的分析，并对这位员工的性格做了测试，我发现这个员工对自己所具备的才能并不了解。于是我对他说：'你有成功的机遇，但却因为种种原因破灭了，许多成功者当年奋斗也曾失败，他们一直感激那些失败的经验，是失败给他们打开了成功的大门。你长得不吸引人，但你却具有属于自己特长的地方，你要相信自己，相信你的能力，超过你的同事，超越你的理想，这些并非徒劳的信念。如果你想无所不能，那就具备无所不能的信心吧！'我对这位员工说完之后，我同时也深深地明白，对每一个人来说，前进的动力是不可缺少的，无论我们所从事的工作内容多么令人厌烦，只要他们设法全部按时完成。在工作中竭尽全力，不断给自己打气，我们就一定能获得成功——因为没有什么困难能挡住我们前进的脚步。"

我静静地听完李雄先生所说的这个小故事，是啊，事件不大，但所反映的却是我们一生当中最为重要的。试想如果大家都像这个员工一样，那你们认为你们能很容易地走向成功吗？在你们的心里会没有任何的压力吗？

那次谈话结束的时候李雄说了最后的一段话："听了我所说的小故事，我想你也应该更加清楚目标的重要了吧！所以，我要告诉大家，人生的快乐就隐藏在我们的一切日常生活之中，只要我们有了目标，内心的力量才会找到方向，毫无目标的生活，到头终究会成为一场空。

所以，在我们行动之前，请先想一想自己要的究竟是什么，自己到底想要干什么？事实上，我们过去或现在的情况并不重要，将来要获得什么成就才最重要。除非我们对未来有理想，否则做不出什么大事来。"

对于我来说，我和李雄先生的谈话使我受益很多，从他的谈话中，我肯定的认为，李雄先生对于人生目标的理解比我更加的深厚，更加的透彻。同时，我也更加明白了，一个人若是没有明确的目标，就不会有取得成功的希望。只有当我们树立了目标，并计划着如何实现它的时候，才可以把一个具体的目标看作是一个可行的道路，不管我们在这条道路中将会遇到何种困难，我们都会去克服。因为在此时我们看来，任何摆在我们面前的困难都不是困难，我们不管遇到多少麻烦，都不会轻易放弃自己的目标，把阻挡在路上的绊脚石当做铺路石，继续向自己的目标迈进。

下面我讲的这个故事，在现实当中很多，但它确实存在。在我的老家，市里有个作家协会，里面都是一些很有才华的年轻诗人，其中有一个叫李菊的年轻女诗人，她写了许多风霜雪月、写景抒情的诗篇。可是她却很苦恼。因为，人们都不喜欢读她的诗。这到底是怎么一回事呢？难道是自己的诗写得不好吗？不，这不可能！她向来不怀疑自己在这方面的才能。于是，她去向作家协会主席请教。

那天市作协主席听了她的苦恼后，一句话也没说，把她领到一间小屋里，里面陈列着各种各样的名贵字画、书籍、古董收藏。市作协主席一句话没有说，直接打开了他房里的一个小柜子，从里面拿出了一个小盒，打开后，李菊看到的是一只式样特别精美的金壳怀表。这只怀表不仅式样精美，更奇异的是：它能清楚地显示出星象的运行、大海的潮汐，还能准确地标明月份和日期，唯一的缺点就是不能指示正确的时间。尽管这样，她还是感到特别的惊奇，她认为这是世上独一无二的，在市场上根本买不到，她非常喜欢。于是她问市作协主席，能不能卖给她，市作协主席微笑着对她说："不用了，我打算用这个换你手上的，你看如果可以我们就换吧！"

李菊非常爽快地答应了，此后，她才回到正题继续问市作协主席如何看待她提出的问题。市作协主席还是什么话都没有说，到了最后只是对她说，你慢慢地体会这块表给你带来的意义吧！

李菊当时对这个回答非常满意，对于换了这块漂亮的表也非常高兴，她对这块表真是珍爱之极，吃饭、走路、睡觉都戴着它。可是，过了一段时间之后，渐渐对这块表不满意起来。最后，她跑到市作协主席那儿要求换回自己原来的那块普通的手表。市作协主席故作惊奇，问她对这样珍异的怀表还有什么不满意。

李菊遗憾地说："它不会指示时间，可表本来就是用来指示时间的。我带着它不知道时间，要它还有什么用处呢？有谁会来问我大海的潮汐和星象的运行呢？这表对我没有什么实际用处。"

市作协主席还是微微一笑，把表往桌上一放，拿起了这位青年诗人的诗集，意味深长地说："年轻的朋友，让我们努力干好各自的事业吧。你应该记住：怎样给人们带来用处。"

李菊这时才恍然大悟，从心底里明白了这句话的深刻含义。

看到这个小故事，我想大家都应该明白了，如果一个人能做好自己应该做的事，哪怕是一个地位低下的人，只要他心中有一个明确的目标，也会成为创造历史的人；一个心中没有目标的人，只能是个平凡的人。一个人只要有了目标，人生就会变得充满意义，一切似乎清晰、明朗地摆在自己的面前。

◆ 有一个明确的目标

从前，有一位秀才落榜后对自己的未来非常迷茫，一天他去找一位很有学问的老人，希望在老人那儿能找到答案。

那天老人正在下象棋，秀才对老人说："你好，我想找个时间向你请教一些问题，可以吗？"

老人继续下棋，过了一会儿问秀才："什么时候呢？"

"嗯！我想什么时候都可以。"秀才回答道。

"如果真像你说的什么时候都可以，那么，你永远也没有机会。这样吧！等半个小时我下完棋你再来找我吧！"老人说。

半个小时后，秀才又到了老人那儿，老人转过身来微笑地看着秀才问道："现在你告诉我，你有什么事要请教。"

"这个我也不知道，只是想请教一些问题。"秀才说。

"具体要做一些什么事你都不知道吗？"老人又问道。

"我自己也不太清楚，落榜后我很想做和以前不同的事，但是不知道做什么好。"

"那你能告诉我，你什么时候能行动起来，把你心中所想做的事做起来呢？"老人说。

秀才对这个问题似乎很困惑，他说："我不知道，但是我知道，总有一天我会去做我心中想做的事。"之后，老人又问了一些秀才心中所想的事。但是秀才对自己喜欢的事，一件也说不出来。

"我知道了，你非常想做一些事，但是你不知道做什么好，也不能确定什么时候去做，是这样吗？"老人问秀才。

秀才听老人这样说道，非常地伤心，自言自语地说："好像我真是一个没用的人，除了读书什么都不会。"

秀才的话让老人听到了，于是对他说："不，任何一个人都有用。只是你没有把自己的想法加以整理。或者没有一个完整的构想。如果你能把心中的想法写出来，或者把你的想法再重新构思，我相信你一定能成功。因为你有上进心，而且你还掌握了一些知识。"

秀才听了老人的话后，非常高兴地回家了，因为他已经知道怎么做了，他回家后，经过几天的思考，把自己的想法、构思都做了一个完整的制定，十多年后，秀才已经成为一个远近闻名的大财主。他再一次找到老人，并且对老人说："老先生，谢谢你，是你给了我一个很好的方法，如果不是你，我根本不会把自己心中的梦想做出一个明确的制定，如果那样，就不会有我现在的成就了。"

老人看着这个财主，高兴地笑了，然后对他说："是啊，一个人没有明确的目标是不可能有成就的，有成就的人都有一个明确的目标。"

生活中，如果我们没有一个明确的目标，行动起来就会有很大的盲目性，有可能浪费时间和耽误前程。

在我们的身边，会有一部分相当出色的人，由于确立的目标不明确、不具体而一事无成。

目标明确了，我们就能更好地与他人沟通。想一想你见过或听说过的那些善于沟通的人吧！他们有一个共同特点就是能把复杂的事情用简单的语言清楚地表达出来。换言之，他们的思想有条理、有重点。这样，人们才能理解他们所说的话，制定目标也有着类似的相同之处，它能使我们对将来的种种构想有条理。因为这些构想有条理、有重点，我们向别人讲述时就容易说得清楚，别人也容易理解并提供支持。

失败者都有个共同的问题，他们极少评估自己取得的进展。他们中大多数人都不明白自我评估的重要性，或是无法量度已取得的进步。

任何一个人都需要拥有一个目标，只有在目标的指引下，才能走向成功。有了目标，我们就有更大的干劲，有更加持久的力量。

我们只有制订一个明确的目标，一个能吸引人不断进取的目标，就可以让我们发挥自己的潜力，就可以让我们在实现目标的过程中，发挥自己的主观能动性，发挥创造性，调动沉睡在我们心中的潜力去获取成功。

◆ 制订属于自己的目标

没有目标的人注定不能成大事，但如果目标过大，我们应该学会把大目标分解成若干个具体的小目标，通过制定并实现年度目标、月目标、周目标，甚至日目标，这样就会提高我们的工作效率，使事业迈上一个新台阶。毕竟我们的奋斗目标是我们获得成功的路线图，它们会决定我们前进的方向，保证我们能够实现自己的目的。

很多人都幻想自己的生命是永恒不朽的。他们浪费金钱、时间以及精力，去从事所谓的"消除紧张情绪"的活动，而不是去从事"达到目标"的活动。他们每周辛勤工作，赚够了钱，在周末又把它们全部花掉。

也有很多人希望命运之风把他们吹进某个富裕又神秘的港口。他们盼望在遥远未来的"某一天"退休，在"某地"一个美丽的小岛上过着无忧无虑的生活。倘若问他们将如何达到这个目标时，他们总是回答说：一定会有办法的。

人生的总目标应该尽可能的远大，远大的目标才能产生持久的动力和热情。然而，需要注意的是，你的目标必须是具体的、可以实现的。如果你的目标计划不具体，无法衡量出是否实现了，那么会降低你的积极性。因为向目标迈进是动力的源泉，如果你无法知道自己向目标前进了多少，你很可能会泄气，从而无法再坚持下去。

目标必须具体明确。只有具体明确并有时限的目标才具有指导和激励行动的价值。

山田是一位拥有出色业绩的推销员，可是他一直都希望能跻身于最高业绩的行列中。但是一开始这只不过是他的一个愿望，从没真正去争取过。直到三年后的某一天，他想起了一句话："如果让愿望更加明确，就会有实现的一天。"

于是，他当晚就开始设定自己希望的总业绩，然后再逐渐增加，这里提高5%，那里提高10%，结果顾客却增加了20%，甚至更高，这激发了山田的热情。从此他不论什么状况，任何交易，都会设立一个明确的数字作为目标，并在一二个月内完成。

"我觉得，目标越是明确越感到自己对达成目标有股强烈的自信与决心。"山田说。他的计划里包括："我想得到的地位、我想得到的收入、我想具有的能力"，然后，他把所有的访问都准备得充分完善，相关的业界知识加之多方面的努力积累，终于在这一年的年终，使自己的业绩创造了空前的纪录，以后的年头效果更佳。

对于人生总体目标来说不宜过于详细、精确，因为人生总目标是人生大事，需要用许多年的时间来实现，甚至要为此奋斗终生。这样的大目标很难精确细致，尤其是对于涉世不深、阅历尚浅的人来说更是困难。所以，人生总体目标只要有个大致的方向就可以了，为此，制订中短期目标就很重要了。因为随着阶段性的中短期目标的实现，人会站得更高，这样对人生大目标的确立会逐渐清晰明确。

中短期目标是现实行动的指南，如果低于自己的水平和能力，就不具有激励的效果，但倘若远远超出自己的能力，则会引起挫折感。因此，制定中短期目标，要根据自己的实际状况，包括能力素质、经验阅历、所处环境等确定目标，做到稍微高出能力，又基本切实可行。

下面是一个真实的故事，也许有大部分人都知道，1991年住在斯德哥尔摩的高兰·克鲁普产生了一个想法：靠自己的力量越过大陆到达尼泊尔，然后，在完全没有帮助的情况下，不带氧气瓶征服珠穆朗玛峰，最后用同样的方法返回家乡。

显然他的计划野心够大的，但这是有可能实现的。他首先对整段路做了切实的研究，然后着手筹集旅行所需的20万英镑的赞助。为锻炼心血管能力，他开始和瑞典越野滑雪队一起进行体能训练。

1995年10月16日，他骑一辆自制自行车出发了，因为这是一次完全没有后援的探险，他不得不随身带上全部装备，总重量高达129公斤。

4个月零6天后他到达了加德满都，在那儿开始把装备运往基地的帐篷。他一次运73公斤，只能向前运55米，而且运一次要休息10分钟。

他第一次开始怀疑自己完成计划的能力。他说，那次搬运是他一生中唯一一次最可怕的体力考验。

第三次登顶成功了，下山后，他又骑上自行车，跋涉了12000公里回到了瑞典。

这时距他离家已经过去了1年零6天。后来，当人们问起他成功的原因时，他是这么说的："每次出发前，我都要把我自己前进的线路仔细看一遍，并画下沿途比较醒目的标志，然后以此为前行的目标，这样就可以画到跋涉的终点。在攀登山顶时，我用最快的速度奋力向山顶冲去，就这样，我征服了珠穆朗玛。这说明，我们每个人都有成功的潜力，也有成功的机会。只要我们有目标，我们就能以辉煌的成就度过人生。想想那些英雄，想想那些勇往直前的英灵吧。他们手中没有地图，就去寻找那些未知的土地，他们知道自己将发现一个新世界，在旅途中我们也得具备同样的信心和激情来激励自己。"

许多人做事之所以会半途而废，并不是因为困难太大，而是因为他们不敢去做，他们害怕离开自己的安乐窝，他们不敢相信自己可以征服困难，他们不敢踏上征途，结果就这样白白浪费了生命。

所以说，我们应该掌握自己的人生使命，为了我们的追求，我们应该奋勇当先，使自己的生活能配合一个目标，从而实现成功。

拿我来说，当我决定我一生的目标是当我在出版业有了一定的基础后，我要转向养殖业继续开辟一片新的天空时，我发现，我在写作方面最缺少的就是和别人的沟通能力。如果我要在出版业有所成就，我的写作能力考核成绩就必须要有所提高，那么，我就要克服和别人交谈会脸红的缺点。

为了实现理想，我认真分析了自己的个性，并且给自己设定了改变这种情况的目标。通过逐一实现这些目标，我自身的相关技能不断增强，心理所产生的胆怯也在慢慢消失。经过一段时间的锻炼之后，我的讲课能力有了质的飞跃，无论是在学校还是在各种演讲会上，无论面对什么样的听众，我都可以毫不胆怯地表达自己的想法了。

从这件事可以看出，当我们在思索人生的一切的时候，追溯其原点，不外乎是基于作为个体存在的人的梦想与目标，而这些梦想又构成了我们整个的人生。如果我们不能很好地认识自己和目标之间的差距，我们就无法取得进步，只有我们知道需要什么，我们才能有所成功。总之，我们在制定目标的时候一定要注意到：我们所制定的目标是属于我们自己的，只有我们知道自己需要什么。制定一个合适的目标，有利于主动提升自己，并在提升过程中客观地衡量、评估，这样才能获得成功，才能成为更好的自己。

第二章
制订一生的成功计划

对自己的未来没有预见的人，往往会被眼前的利益蒙蔽住双眼，而看不到远方的危险，他们的权力会在这个过程中丧失。所以，要学会高瞻远瞩，培养自己预见未来的能力。

◆ 掌控生命始于规划人生

做人应该对自己的未来有所预见，否则就可能招致麻烦或使自己陷入险境。

公元前415年，雅典人准备攻击西西里岛，他们以为战争会给他们带来财富和权力，但是他们没有考虑到战争的危险性和西西里人抵抗战争的顽强性。由于求胜心切，战线拉得太长，他们的力量被分散，再加上面对着所有联合起来的敌人，他们更难以应付。雅典的远征导致了历史上最伟大的一个文明的覆亡。

一时的心血来潮引起了雅典人的灭顶之灾，胜利的果实的确诱人，但远方隐约浮现的灾难更加可怕。因此，不要只想着胜利，还要想着潜在的危险，有可能这种危险是致命的。不要因为一时的心血来潮而毁灭了自己。

对自己的未来没有预见的人，往往会被眼前的利益蒙蔽住双眼，而看不到远方的危险，他们的权力会在这个过程中丧失。所以，要学会高瞻远瞩，培养自己预见未来的能力。

感觉经常会欺骗自己，那些自认为拥有预见未来能力的人，事实上只是屈服于欲望，沉湎于自己的想象而已。他们的目标往往不切实际，会随着周围状况的改变而改变。

好的目标是成功的一半，人生不能没有目标，对于管理者和企业员工来说，为自己制定一个好的并且合适的目标是非常重要的。一个好的目标必须具备下列几项要求，缺一不可。

（1）目标应该是明确的。

有些人也有自己奋斗的目标，但是他的目标是模糊的、泛泛的、不具体的，因而也是难以把握的，这样的目标同没有差不多。比如，一个人在青少年时期确定了要做一个科学家的目标，这样的目标就不是很明确。因为科学的门类很多，究竟要做哪一个学科的科学家，确定目标的人并不是很清楚，因而也就难以把握。

目标不明确，行动起来也就有很大的盲目性，就有可能浪费时间和耽误前程。生活中有不少人，有些甚至是相当出色的人，就是由于确立的目标不明确、不具体而一事无成。

（2）目标应该是实际的。

一个人确立奋斗的目标，一定要根据自己的实际情况来确定，要能够发挥自己的长处。如果目标不切实际，与自己的条件相去甚远，那就不可能达到。为一个不可能达到的目标而花费精力，同浪费生命没有什么两样。

（3）目标应该是专一的。

一个人确定的目标要专一，而不能经常变幻不定。确立目标之前需要做深入细致的思考，要权衡各种利弊，考虑各种内外因素，从众多可供选择的目标中确立一个。

一个人在某一个时期或一生中一般只能确立一个主要目标，目标过多会使人无所适从，应接不暇，忙于应付。生活中有一些人之所以没有什么成就，原因之一就是经常确立目标，经常变换目标，所谓"常立志"者就是这样一种人。

（4）目标应该是特定的。

确定目标不能太宽泛，而应该确定在一个具体的点上。如同用放大镜聚集阳光使一张纸燃烧，要把焦距对准纸片才能点燃。如果不停地移动放大镜，或者对不准焦距，都不能使纸片燃烧。

这也同建造一座大楼，图纸设计不能只是个大概样子，或者含糊不清，而必须在面积、结构、款式等方面都是特定和具体的。目标应该用具体的细节反映出来，否则就显得过于笼统而无法付诸实施。

（5）目标应该是远大的。

目标有大小之分，这里讲的主要是有重大价值的目标。只有远大的目标，才会有崇高的意义，才能激起一个人心中的渴望。请记住，设定目标有一个重要的原则，那就是它要有足够的难度，乍看之下似乎不易达成，可是它又对你有足够的吸引力，使你愿意全心全力去完成。

当我们有了这个心动的目标，如果再加上必然能够实现的信念，那么就等于成功了一半。未来的蓝图由自己规划，明天的美好由今天的目标决定，有规划，才有美妙人生。

◆ 规划自己的人生线路

人的一生如此短促，一些小小的成功，固然只需要付出很小的精力及很短的时间，但想要获得较大成就，一定要投入很大的精力及很长的时间。以一天为例，只要集中精力有效利用这一天，日后还是会留有这一天努力的成果。而如果不立目标，人云亦云，改变了最初的打算和自己的生活方式，得过且过。一天如此，一周如此，一月如此，一年如此，一生都是如此。在目标的实现过程中，既有有利条件，也有不利条件，你必须认真分析，从而利用有利条件，克服不利条件，通过认识这些主客观条件去制定实现目标的计划。同时你要了解制订计划、达到目标的过程中自己所必须具备的素质、能力、条件等，找出限制目标实现的阻碍，如性格上的缺陷、情感过于轻浮、做事缺乏头脑，等等。这些都是阻止你前进步伐的绊脚石，你必须先看清楚，正视它们，才能达到使梦想与现实的完美统一的层次。

首先，了解自己想做什么。

按愿望关系分类，可将人分为：

（1）确切知道自己在生活中想做什么并且付诸实施的人。

（2）不知道也不想知道自己想做什么的人。他们害怕自己有理想。他们说："我实际想要的东西，从来没得到过。所以我干脆也不去想了。"这些人实际上并不知道他们想要做什么。一个愿望刚出现在他们的意识中，就已被他们扼杀在摇篮里："我能做到吗？我有资格做吗？别人将会怎么说呢？如果我不能胜任它，结果会怎样呢？"如果说这些人也想做些什么的话，那也只是别人想做的而不是他们自己想做的。

（3）看起来非常清楚自己想做什么的人。而实际上他们对此却一无所知。他们与上面提到的两类人的区别在于：他们非常重视给别人留下一种印象，好像他们知道自己想做什么。这使得他们比较自信，看起来也比别人略高一筹。

其次，了解自己能做什么。

按能力关系分类，同样可将人划分为三类：

（1）过低估计自己的人。

（2）无限高估自己的人。

（3）正确估计自己，能得到他们想要得到的东西的人。

第三，将愿望和能力、现实相统一。

拥有一份计划的第三点在于，将我们想做和我们能做的与现实相统一。这是因为，只有将我们实现愿望的多种情况都考虑在计划之内，我们的愿望才能得以实现。

简而言之，我们所有的愿望的极限是我们自己。我们应该了解：我们今天是什么，我们今天能做什么。不是别人是什么或者别人能做什么，或者我们自己期盼着明天是什么。要想获得幸福，我们必须动用我们所拥有的一切。大多数人都心存不满，其原因只有一个：他们至今都不懂，如何从自己的生活现实出发，去做得更好。

第四，为了达到目标，必须学会放弃。

当今时代的一个典型特征，就是人们认为他们不应错过生命所赋予他们的一切。那种抑制不住的贪婪欲望促使他们想知道一切，达到一切，拥有一切，搞得自己一生就像是在进行百米赛跑。

为了不错过一切，很多人忽略了这个不容改变的现实：在我们的生活中没有任何东西，绝对没有任何东西，让我们不需要为它付出相应的代价。这种代价就是放弃。

因为我们总是在想我们想得到什么，而不去想为了得到它我们必须放弃什么，所以很多人的一生中都不断地充满了失望。

他们想拥有别人所拥有的一切，想立即拥有并尽可能地拥有。当然他们还想拥有永远的安全，而在这种安全第二天就消失时，他们会感到极度地失望。

为什么会这样呢？

答案既简单又明了：他们制定了一个目标、一个理想、一份计划，但他们没有同时决定为了达到这一目标自己应首先放弃什么。

所以，拥有一份计划，用以消除所有影响，去做有利于我们的幸福、成功和自我实现的唯一正确的事情，这意味着：

一方面我们必须做出决定，什么有利于实现我们的计划，并要毫不犹豫地去实施这份计划。

另一方面我们必须决定，尽管有些东西目前看起来十分诱人，却不利于计划的实现，所以必须放弃它们。

规划自己的人生线路，只有从以上四个方面着手，才能勾勒出自己清晰的人生轨迹。

当你认清了自己的位置，决定了自己的最终目的地，就应该规划自己的人生线路，条条大道通罗马，你必须选择最适合自己的路。

◆ 不给自己留退路

不少人在任何情况下都可以为自己的理想奋斗到底，而不会受周围环境的影响。他们的自我控制很强，可以运用自己的想象力形成自己独到的思想和观念，有自己的欲望及理想。不能自我控制的人，只能凭感官印象而得出一些观点想法，因而会受到别人或外界环境的左右。思想引导控制我们的行为，其重要性是不言而喻的。普通人没有自己的思想，只会随波逐流，看别人做什么自己就想做什么，从不考虑一下自己究竟真的需要什么，怎么做才对自己最好，因为这些人的思想一旦受外界影响，就会产生强烈的模仿倾向，长此下去他们就会失去自己的主见。因此易受外界影响的人容易形成虚假的欲望，这样的欲望其实是误导性的，并非自己的真正欲望。

秦末农民起义领袖楚霸王项羽，在和秦国开战前，他做了个胆大的决定，而正是这个决策让他赢得了这场战争的胜利。他要指挥军队与秦军作战，而秦军在人数上占优。双方的军队驻扎在河的两岸，他带着军队坐船到了秦军的阵地，命令士兵把船只和做饭的大锅全部砸坏。在战斗开始之前，他这样激励对士兵："现在船没了，锅灶也砸坏了，你们回不去。如果不打胜仗，我们就只有死路一条。现在我们已经没有退路了，要么战胜对方，要么就是灭亡。"

结果他们胜利了。每个想取得成功的人，都必须有破釜沉舟的勇气，切断自己的退路，把全部精力用在打好"这一仗"上。只有这样才能保持一种必胜的心态，而这正是成功的关键。

伟大的思想是实事求是的，绝不受外界的任何影响。欲望是生命中最伟大的动力之一，因此确保我们的欲望追求都是正常的，也是符合自身利益的，只要这欲望符合人性，而且不会损害到他人的利益就是值得尊重和支持的。但是任何在外界影响下产生的欲望，对于受到影响的人来说，都不可能是自己真正的欲望，多多少少都有些不正常的地方。因此，如果人总是受到他人和环境的影响，而不去问自己究竟需要什么，就很容易迷失自我。

很多人要都迷失了自我，不能做自己想做的事，过自己想要的生活，无法实现自己的追求和价值。他们的生活很累，也很无聊和枯燥，总是对着自己的理想叹息。而造成这一切的根源，往往就是不正常的、虚假的欲望。这些人不考虑自己的实际需要，而是一味地模仿和借鉴别人，总是跟随着别人，将别人的欲望拿来作为自己的欲望，以为这就是自己想要的。他们从不想想自己能做什么，从不考虑自己的实际情况。模仿别人的生活、习惯、行为甚至追逐别人的欲望，这带来的后果就是不能过真正属于自己的生活。

也有一小部分人从来不会迷失了自我，因为他们不会随大流，只做自己想做的事情，总能保持独立思考。他们想做的一切，都是自己想要的生活，他们的生活才是真正的生活，因为过的开心。

◆ 你 能 控 制 一 切

本杰明·富兰克林在雷雨即将到来的时候，往天空放了只风筝，由此发现了电流。正是因为他，人们才得以逐渐掌握电力，并将之用于日常生活。富兰克林成功地接触到了大自然的一种力量之源。

在富兰克林之前的几千年，耶稣诞生之后的数个世纪，一直都有人像富兰克林一样探究生命的秘密。一些人获得了成功，如像利莎、利亚以及摩西这样的先知，已经触摸到了力量的起源于什么，所以当他们获得了这样的力量时，就会变得锐不可当。

富兰克林发现了电，通过不懈的研究和探索，终于把这种以前认为能"劈死人的"、具有毁灭性的的神力变成了为人类服务的仆人。电本身没有改变，还是和之前一模一样，是人类对它有了新的认识。

无法控制的闪电对人类来说是个灾难，通过不断的学习人类已经能够掌控它，让它为自己服务。只要按下一个按钮，你的家就会一片光明；只要按下一个按钮，你就会接收到来自千里以外的新闻消息；只要按动一下开关，就可以产生巨大的热量，能将生硬的稻米蒸成喷香的米饭；再轻轻按动一下，又可以将这些力量收回。

从前有这样神通广大的仆人吗？然而电力并不是内在的生命之力。即使是现在我们仍然对这种力量一无所知，我们偶然能够接触到它，但那仅仅是巧合，我们不能随时掌控这种力量。

阿德拉德·普鲁克特有这样一首诗《迷失的音符》：

一天我坐在风琴前，

身心无比疲倦；

我的手指，

在那些吵闹的琴键上无力地游走。

对自己弹奏的音乐，对自己曾经的梦想。

我一如所知，

但我仍然敲动着音乐的音符，

像是神圣的祈祷。

音乐中弥漫着深红色的微暗之光，

如同圣歌的结尾，

我的满腔赤诚，

都蕴含在那一片无边的宁静中。

它平息了痛苦和忧伤，

如同爱抚平争斗一样，

它像是和谐的回声，

来自我们混乱的人生。

所有的困惑，

在此豁然开朗，

它们纷纷重归静默，

带着不情愿的情绪。

我徒劳地寻找，

但是一无所获，

风琴那迷失的音符，

已经和我融为一体。

也许是死亡天使，

会再次唱出这样的旋律，

也许只有在天国之中，

我才会听见这样神圣的"阿门"。

我们的脑海中都常常会浮现出一些东西——一些音乐的旋律、演讲的精彩词句，或者陌生的诗句。成功的画面、精彩的奇思妙想、随时可能遇到的机遇，这些都是你内心的财富和力量。

只要你轻轻敲开这个宝藏的大门，你就能够收获成功；只要你敲开这扇门，你就接触到了无限可能的世界。

如何做到这一切？怎样走入这扇门？这需要你唤起你内心的圣灵，唤醒你内心的神力，需要你理解内心的潜意识。

◆ 模仿他人就会失去自己

在我们刚步入社会的时候，很容易走进一个误区，就是盲目地去模仿那些成功人士。这样做会让我们丢失了自己的个性，忘记了自己的目标。要知道每个人的自身条件都不同，每个人的性格也都不一样，我们只能学习他们，可千万不要把自己视作别人。每个人都不相同，别人拥有的东西我们有可能没有，可是我们拥有的东西别人也不一定会有。要记住：每个人成功的方式都不同，之所以这个世界上有这么多的行业，就是因为每个人的发展方向不一样，他们可以根据自身的优势开辟出一条适合自己的道路。

看完下面的这个小故事，你就会明白为什么我们不能去模仿别人，而是要走适合自己的路了。

一个农民家里养了一匹马和一只狗。马整日都要下地干活，而狗却什么也不做，可赢得主人喜爱的却是狗。狗平时喜欢讨好主人，一见到主人的时候它就会拼命地摇尾巴，并做出一副很乖的样子。这让马感觉到很不公平，它心想："那只狗什么也不做，只是会讨好主人，而我每天都要拼命地干活，在他们要出去的时候我还得拖着他们，可在主人眼里那只狗的地位比我还要高。"马在干活的时候就会有这样的怨言，觉得主人对它不公平。

一天机会终于来了，它挣断了缰绳，跑到了主人的房间，学着狗的动作，它也想用这样的方式来讨好主人，没想到由于它夸张的动作，屋子里的桌子被它掀翻了，还把主人吓得脸色发白不知道怎么样才好，他以为这匹马疯了，第二天便把它给杀了。

这匹马只想着去模仿狗来讨好主人，可他却不知道自身的条件。盲目地做了一件愚蠢的事情，给自己招来了杀身之祸。

如果我们想取得成功，就必须走出一条属于自己的路，贝多芬学小提琴的时候虽然技术并不是很高明，可他宁愿拉自己作的曲子，也不愿做技巧上的改善，他的老师说他绝对不是一个当作曲家的料。

歌剧演员卡罗素的歌声想必很多人都听过，他的音乐享誉全世界。而在他小时候母亲却希望他能当一名工程师，他的老师说他的嗓子根本就不适合唱歌。

爱因斯坦4岁才会说话，7岁才会写字。他的老师对他的评价是"反映迟钝，不合群，满脑袋都是不切实际的幻想"，他曾经遭到过退学的命运。

最终他们都成为了伟大的人物，他们并没有像老师说的那样让人感到没有一点希望。原因就是他们都走了适合自己的路，他们没有被任何人左右。

我们最大的局限在于我们的短视，而我们的短视在于无法发现自己的优点。威廉·詹姆斯这样认为："跟我们应该做到的相比较，我们等于只做了一半。我们对于身心两方面的能力，只用了很小一部分，一般人大约只发展了10％的潜在能力。一个人等于只活在他体内有限空间中的一部分。他具有各种能力，却不知道怎样利用。"

那么，一般人是怎样做的呢？他习惯用与别人的对比来发现自己的优缺点，这固然是一种好方法，但往往受主观意识影响太大。他会很快地发现，自己在某方面与别人差距甚大，因此他会非常羡慕那个人。羡慕会导致无知的模仿，导致无谓的妒忌，或者受到激励般地向更高境界攀升，但最后一种情况毕竟所占比例甚小，而前面两种情况都容易导致自信心的丧失以及由此引发的忧郁。

每个人的能力都是有限的，就像人类有其体能极限一样。如果想把别人的优点都集于一身，那是最荒谬、最愚蠢的想法。我们没有必要去模仿别人，只要能够做好我们自己，便是对自己尽到了最大的责任。

从道格拉斯·马罗区的诗中可以让我们得到一些启发：

如果你不能成为山顶的一株松，

就做一棵小树，生长在山谷中，

但须是最好的一棵。

如果你不能成为一棵大树，

就做一棵灌木。

我，就没有做人的尊严，就不能获得别人的尊重。

活着应该是为充实自己，而不是为了迎合别人。没有自我的人，总是考虑别人的看法，这是在为别人而活着，所以活得很累。有些人觉得：老实巴交吧，会吃亏，被人轻视；表现出格吧，又引来责怪，遭受压制；甘愿瞎混吧，实在活得没劲；有所追求吧，每走一步都要加倍小心。家庭之间、同事之间、上下级之间、新老之间、男女之间……天晓得怎么会生出那么多是是非非。你和新来的女同事有所接近，有人就会怀疑你居心不良；你到某领导办公室去了一趟，就会引起这样或那样的议论；你说话直言不讳，人家必然感觉你骄傲自满，目中无人；如果你工作第一，不管其他，人家就会说你不是死心眼太傻，就是权欲野心……凡此种种飞短流长的议论和窃窃私语，可以说是无处不生，无孔不入。如果你的听觉视觉尚未失灵，再有意无意地卷入某种漩涡，那你的大脑很快就会塞满乱七八糟的东西，弄得你头昏眼花，心乱如麻，岂能不累？

我们无法改变别人的看法，能改变的仅是我们自己。想要讨好每个人是愚蠢的，也是没有必要的。与其把精力花在一味地去献媚别人，无时无刻地去顺从别人，还不如把主要精力放在踏踏实实做人上，兢兢业业做事，刻苦学习。改变别人的看法总是艰难的，改变自己却是容易的。

有时自己改变了，也能恰当地改变别人的看法。太在乎别人随意的评价，自己不努力自强，人生只会苦海无边。别人公正的看法，应当做为我们的参考，以利修身养性；别人不公正的看法，不要把它放在心上，以免影响我们的心情。如此一来，我们就不会对别人的看法耿耿于怀，而能够按照自己的意愿去生活了。

如果你不能成为一棵灌木，

就做一叶绿芽，让公路上也有几分欢娱。

……

世上的事情，多得做不完，

工作有大的，也会有小的，

该做的工作，就在你身边。

如果你不能做一条公路，

就做一条小径。

如果你不能做太阳，

就做一颗星星。

不能凭大小来论断你的输赢，

只要你努力做到最好。

我们应该看到自己的优点，也应接受自己的缺点，世界上本来就没有完美的人生。因此，我们不必戴着假面具去生活。道德上的过于自负及苛刻的自我要求，都是内心世界的最大敌人。

◆ 改变自己才能改变世界

从前有个皇帝，很喜欢到自己的国土上四处巡视。每天这样走来走去，两只脚生了泡，痛得要死。他觉得很愤怒，就要求下属把自己的国土全铺上地毯。现织地毯是来不及了，就杀掉牛，剥了牛皮铺在地上，牛杀光了，还不够，然后就杀猪杀羊，最后连老鼠都杀了剥皮，也只能覆盖京城周围一带。皇帝更加愤怒，告诉大臣，如果不行就杀人剥人皮来铺。

一个大臣觉得这也不是办法，就小心翼翼地跟皇帝说："您就是真的把国民通通杀光，估计也不够用的，您为什么不用一小块牛皮把自己的脚包起来呢？"皇帝觉得有道理，弄来一块牛皮试了一下，果然走再远的路，脚也不会再痛了。就这样，世界上诞生了第一双皮鞋。

有时候我们常常会抱怨这个世界不公平，其实往往是自身的原因。有时候我们常常幻想改变世界，结果却碰得头破血流，尝试一下改变自己，世界很可能就会变得美好起来。

在威斯敏斯特教堂地下室里，英国圣公会主教的墓碑上有一段话：

当我年轻自由的时候，我的想象力没有任何局限，我梦想改变这个世界。当我渐渐成熟明智的时候，我发现这个世界是不可能改变的，于是我将眼光放得短浅了一些，那就只改变我的国家吧！

但我的国家似乎也是我无法改变的。

当我到了迟暮之年，抱着最后一丝努力的希望，我决定只改变我的家庭、我亲近的人——但是，唉！他们根本不接受改变。

现在在我临终之际，我才突然意识到：如果起初我只改变自己，接着我就可以依次改变我的家人；然后，在他们的激发和鼓励下，我也许就能改变我的国家。再接下来，谁又知道呢，也许我连整个世界都可以改变。

要想获得新生活，就必须改变自己，勇于突破，而不能总是原地踏步。当你抱着积极的心态时，世界在你面前便势必会低头。

成功并非总是需要刚正和强硬，相反，适当的弹性有助于你克服障碍，加快前进的步伐。小草之所以抵得过强风，是因为懂得随风摇曳，随时改变自己的姿态；扁舟之所以抗得住恶浪，是因为能够顺水击流，随时调整自己的航向。

有一条小河从遥远的高山上流下来，经过很多村庄和森林，最后，它来到一片沙漠边缘。

沙漠一望无际，小河终究还是无法穿越浩瀚的它。

"也许这就是我的命运吧！我永远也到不了传说中的大海了。"小河望着黄沙遍地，感到无比灰心。

"你有没有想过让自己蒸发到风中，让风儿带着你从我的身上飞过，这样你就可以到达目的地了。"沙漠好心地提醒它。

小河是从山里出来的，它从来不知道有这样的事情——要自己放弃现在的样子，然后消失在微风中。

"不！不！这太冒险了。"小河一下子无法接受这样的建议，毕竟它从没有过这样的经验，它担心要是放弃自己现在的样子，最后却变不回来，那不就等于自我毁灭吗？

"你放心好了，风儿可以把水汽包含在它身体里，然后飞越过沙漠，到了适当地点，风儿就会把这些水汽释放出来，让它们变成雨水，然后这些雨水又会聚集在一起形成河流，继续向前奔涌。"沙漠很有耐心地解释给小河听。

"那我还是原来的我吗？"小河又问。

"可以说是，也可以说不是。"沙漠回答，"但是，不管你是一条河流，还是看不见的水蒸气，你终究是水，你的本质是不会改变的。"

听沙漠一再鼓励，小河终于决心鼓起勇气，放胆一试。

它张开双臂，投入微风的怀抱中，让微风带着它，飞越茫茫无边的沙漠，到达它所向往的汪洋大海。

保持弹性，才能突破瓶颈。广阔的沙漠也许难以跨越，但是只要你肯改变自己的形态，一样可以到达你的目的地。

难走的路，要小心地走；不可能走的路，就要懂得转弯，绕道而行。

人生的道路上不可能一帆风顺，重要的是当你遇到障碍时，不要忘记自己的目标，想尽办法往前走。要做到能保持一定的弹性，做个圆滑的人，只有一时的忍耐与牺牲，才能换得长久的希望与成功。

第三章
找到自己的舞台

　　你是自己命运的主人，是自己灵魂的领航人，要走什么样的路是你自己的选择。因此，不要忽视你自己的工作舞台在那儿。只有找到属于自己的舞台，才能把握自己的人生。

◆ 定位决定地位

有一天晚上，我从公司回家。在经过路边时，看到了一位年轻人在路边卖电源，正好他卖的电源有一件是我想要的，于是我过去拿了起来，并开始和他谈价格，他说那个小电源要19元钱，可是，我当时钱包里只有一张10元和一张5元的零钱，我就让他15元钱卖给我，结果他不答应，于是我把东西放下对他笑了笑走了。

当我走了一段距离要转弯的时候，突然听到身后好像有人在叫我，我转身一看，原来是卖东西的年轻人追过来了，他对我说，那个电源15元可以卖给我了，让我回去拿东西。说完他转过身跑回了摊位。当我回去把电源拿起要走时，年轻人忽然问我："为什么不拿50元的钱给我找呢？"

我笑了笑说："你我都是做生意的，按常理说我应该照顾你，但现在你是在同我做生意，而且我知道付15元钱给你已经让你盈利了，我为什么还要让自己承受损失呢！"

年轻人听我说完之后笑了，"你说得非常对，你我都是做生意的，同时，我还要感谢你刚刚的提醒，为我指明了一条属于我自己的路。"

我没有对年轻人做任何回答，我只是对他笑了笑就走了。为什么这样呢？因为我已经深深地感到：这位年轻人已经找到了自己的定位，他已经把自己定位成了一位商人，也许用不了几年，他一定会在自己所属的领域取得非凡的业绩。

在我的家乡，有这样一个令人难忘的真实故事，他是一个生长于贫困山区的小男孩，从小因为营养不良而患有软骨症，在6岁时双腿变成"弓"字型，而小腿更是严重地萎缩。然而在他幼小心灵中一直藏着一个除了他自己没人相信会实现的梦——那就是有一天他要从山区走出来，并让城市里的人都认识他。

我记得他说过这样的一段话："我最敬慕的人是我的父亲，因为他有一个心愿，就是让大山里的人都走出去，并且能抬起头来面对城市。然而命运是这样的不幸，我的父亲为了我的脚病最后病逝了，他最后只对我说了一句话：孩子，虽然命运让你变成了这样，但你不要悲观，你要勇敢地面对未来，你要为自己的路作出选择，我一辈子最希望我们大山里的人能走出这里，但现在我不能继续下去了，我希望你能去完成我没有完成的事。"

在这个人21岁时，有一个投资者带着一笔数目很大的资金进入了这个大山，也是这个投资者给他带来了机会，让他有了走出大山，走出贫穷落后的机会。那天他大大方方地来到这位投资者的跟前，朗声说道："先生你好，我能和你谈谈吗？因为我能为你带来很大的利益。"

投资者和气地向他说了声谢谢。年轻人又说道："如果你能让我代表你在这儿投资，我想你会更加容易些。"

投资者转过头来问道："这是为什么呢？"

年轻人摆出一副神情自若的表情说道："因为我是大山里的人，我知道这里的一切，同时这里的每个人都认识我，而且我得到了他们大多数人的认同和信任。"

投资者十分开心地笑了，然后说道："你真的不简单。"

这时年轻人挺了挺胸膛，眼睛闪烁着光芒，充满自信地说道："虽然我不是一个正常的人，但我的心里永远都只有一个理想，那就是通过走出这里，为这里带来幸福，让这里也和城市一样。让所有的城里人都向往我们这里，而且我相信我能做到！"

听完年轻人的话，这位投资者微笑地对他说道："好大的口气。告诉我年轻人，你叫什么名字？"

年轻人得意地笑了，说："我的名字很简单，大家都叫我刘伦。"

经过这次的谈话使得刘伦最终走出了大山，也为投资者带来了更大的利益，而且他也实现了自己的目标，改变了大山里的环境。

这个故事看起来有点不可信，也有一些简单，但年轻人为什么能成功呢？因为他对自己的定位高，他的目标就是带着山里人走出大山，在城市里有一片自己的天空。所以，定位能够确立我们以后的地位。

所以说，只要我们有了一个正确的定位，就会发现，我们自身是充满力量的。

前进的方向是需要选择的，当你不明白自己的需要时，你很容易走错路。即使你在这条路上奋斗过、努力过，也曾取得过一些骄人的成绩，但是，这个工作并不会真正地激发你的兴趣，以致于你没有成功的感觉，更不会真正满意自己的生活。

◆ 找 准 自 己 的 定 位

　　福特先生小时候在农场帮父亲干活，12岁时，就在头脑中构想有一天能够用在路上行走的机器代替牲口和人力，而父亲和周围的人都说他是一个梦想家，只做一些不可能实现的梦。可福特仍然坚持自己的梦想，做一名机械师。福特用了1年的时间完成了其他人需要3年的机械师训练，随后又花了两年多时间研究蒸汽原理，试图实现他的目标，但未获成功；后来他又投入到汽油机研究上来，每天都梦想制造一部汽车。他的创意被大发明家爱迪生所赏识，邀请他到底特律公司担任工程师。

　　经过10年努力，在福特29岁时，他成功地制造了第一部汽车引擎。我们想想如果福特听从了父亲的安排，那么世间便少了一位伟大的工业家。

　　定位就是对角色的认知。作为一个演员首先要有良好的表演和把握角色的天赋；同时需要演员充分理解角色的故事经历和性格特征，这是演员对角色的定位。作为个体的我们，应该有自己合理的社会角色定位，在了解自己个性特色的基础上，把自己放在应该放置的职业位子上。

　　定位的前提是确定自己的性格、气质、天赋和对工作要求的理解。但是，许多人因为自己不够自信，经常不能给自己一个合理的定位。实际上，人在许多时候产生自卑感并不是因为你真的很失败，只是你定位不准确罢了。而且也并不是定位越低，越有自信。而是应该准确定位。准确定位的目的是为了使你接受自己，在这个位置上，使自己有成功的体验，这是一个人建立自信的因素。如果你的位置定得太低，你就没有继续上进的内驱力，就像麦当劳兄弟，结果可能使你因为后悔而自卑。定位太高，你会觉得自己常常失败，不能认同自己，更无成功的可能。

只要我们能够对自己有个正确的定位，我们就可以扬长避短，为最终的持续发展建立优势。只要我们对自己有正确的定位，我们就可以持续地保持工作热情。另外，如果我们定位准确，还可以集中自己所拥有的资源，增强自身的竞争能力；如果我们定位准确，我们还可以抗衡外来干扰，保证目标的专一；如果我们定位准确，我们还能发挥自己的能力，使自己所从事的工作与企业发展的步伐相一致，从而使双方达到双赢。

生存一世，如果没有好的定位，就没有宏大的目标，就做不成任何大事，要想一生取得辉煌的成就，就需要给自己一个好的定位。拿破仑曾经说过这样一句话："不想当将军的士兵永远不是好士兵。"我们换个角度来理解，就可以看出这句话所包含的意义了：只有你把自己定位在将军的位置上，你才能有所追求而成为优秀的士兵，然后才有可能成为将军。现实当中也确实如此，如果我们把自己定位在一个好的方向，那么，我们最终就是向着这个方向而行。

一个人的成功在某种程度上取决于自己的正确定位。如果我们在心目中把自己定位成什么样的人，最终就有可能成为心目中所想象的人。因为定位能决定人生，定位能改变人生。

我记得我的一位朋友曾说过这样一段话："当失败者发现自己身陷一个前景暗淡的环境时，他们就会迷失方向，他们不会更加努力，用更长的时间、更多的精力来加以扭转，而是让生命白白地消失掉。一个真正的成功人士认为一个人的成功秘诀就是：一刻不停地拼命工作，把工作做得比别人好，名望和财富自然会来到自己身边。但对于我们平常人来说，这不是真实的成功秘诀，我们只有知道自己最喜欢什么和最擅长什么，才能对自己有一个合理的定位，才能做出合理的选择。如果我们选择了一条不适合自己的道路，走上了一个不适合自己的岗位，我们就不可能走向成功。"事实也确实如此。

我在许多书上看到一些知名企业，他们在招聘员工时，会对求职者做一番个性测试。因为他们知道，必须把不同个性的人放在最合适的岗位才能发挥最大的潜能。正确认识自己，才能充满自信，才能使人生的航船不迷失方向。正确认识自己，才能确定一生的奋斗目标。只有确立了正确的人生目标并充满自信地为之奋斗终生，才能此生无憾，即使不成功，自己也会无怨无悔。

事实也确实如此，在人生中有许多烦恼都是源自于我们盲目地和别人攀比，而忘了享受自己的生活、找到自己的定位。

如果一个人没有自己的定位和远大的目标，那么凡事只能停留在思考阶段，永远也不会成功。

每一个渴望成功的人都应该为自己做出一个明确的定位，过成功的生活，成为一个有创造力的人。如果你不为自己做出一个准确的定位，你是决不可能取得成功的。

◆ 设定位置要适可而止

小李是一个刚从学校毕业的大学生，毕业后踌躇满志地进入一家公司工作，一段时间后他发现公司里有很多局限性，而且领导所分配的工作又是一些没有挑战性的事情，对于年轻气胜、一向自视清高的他，别提多么失望了，他多次都想离开这家公司。但是在他心里仍然想着，也许会有改变呢？可是他还是失望了。于是他到处发泄自己的不满，但并没有得到什么改变。就这样，他只好埋头干活，虽然心里存有不情愿的感觉，但不再像以前那样浮躁了，而是努力去做自己手头的事情，做好一件，得到领导的肯定，自己的"虚荣心"就被满足一次。靠着这种卑微的虚荣心理，日子就这样一天天过去了。

工作的不顺心，生活的不易，他的心情越来越糟糕，所以他下班以后都会到外面走走，到处看看，让自己得到一些发泄。有一次他在路上认识了一个白发苍苍的老人，开始他并没有注意到这位老人，但是许多次以后，他开始注意了，因为这个老人每天都会在那儿打太极拳，而且风雨无阻。老人的举动引起了小李的注意。于是他主动去和老人聊天，一次，老人给小李说了这样的一句话："把手头上的事情做好，始终如一，你就会得到你所想的东西。就像我打的太极拳一样，只有把每一个细微的动作做好了，我才能把一套太极拳完整地打出来。"

　　小李记住了老人的教诲，开始投入地做任何一件事情，无论自己如何地不情愿，都尽心尽力地做好，长时间以后心态就平静了。

　　是啊！无论手头上的事是多么不起眼，多么烦琐，只要认认真真、仔仔细细地去做，就一定能逐渐靠近你的理想，迈向成功。

　　年轻人有好的抱负没有错，但需要的是现有能力能做到的，你做任何事情，都必须脚踏实地。不要好高骛远，总让自己飘飘然。这是成功者必备的一种心理素质。

　　当今社会，刚从大学出来的年青人是最容易犯这种错误的，他们认为自己读了不少书，长了不少见识，于是做起事来就有点飘飘然，做任何事情都只是追求最高、最大、最好、得到大的回报，久而久之，他们对自己目前的获取也越来越不满意了。当一段时间过去后，他们的梦想越来越远，久而久之就形成了一种得不到满足的心理。然而这种心理正是成功的杀手，如果拥有这种心理，那么你想获得成功几乎是不可能。

　　一个人的成功，是在你接受了问题、压力、错误、紧张、失望、努力、坚持、奋斗这些因素后产生的，同时这些也都是生活中的一部分。可事实上有许多人都会觉得无法应付生活对我们的要求，因为他们无法承受这些走向成功必须经历的因素。

　　现在的许多年轻人并不能把自己的位置摆正，经常为自己的一点儿成绩沾沾自喜，有一点儿成绩便以为自己是天下第一，夜郎自大。相反的，如果能把自己的位置放得低一些，习惯性地从小事、从不起眼的细节做起，往往会有无穷的动力和后劲，得到的结果也将不一样。

　　这是我朋友的成功经历。他说："我大学毕业以后，对许多事都抱着最好、最大、最高的心理去追求，但是我这样做使我越来越感受到了生活的不满和内心的不平衡，它们一直折磨着我，直到一个夏天我去一个公园，我的这个心结才得以解开，也使我一下子懂得了许多。"

那天是我最糟糕的一天，我的心情很糟糕，于是我打算出去走走，我到了一个湖边，那里有一位老人正在钓鱼，看着那位老人从容不迫的样子，我的心里十分敬佩。于是我走了过去问老人："每天你要钓到多少鱼才回家？"

老人当时没有说话，而是看了看我，然后对我说："年青人，钓到多少鱼并不是最重要的，只要不是空手回去就可以了。现在我的生活已经没有困难了，我的孩子需要用钱的时候，我希望多钓些，但是现在他们都毕业了，我也没有太大的奢望了。"

听了老人的话，我突然像抓到了什么，但我还是有所不明白，于是我转向了老人。这位老人又对我说话了。"海是伟大的，滋养了那么多的生灵。你知道为什么海那么伟大吗？"

我很迷惑地看着老人，不敢贸然接话，然后转过头去看着前面的湖面若有所思。

过了一会儿老人又接着说："海能装那么多水，关键是因为它位置最低。"

这时我明白了，是啊！位置最低！正是老人把位置放得很低，所以能够从容不迫，能够知足常乐。而我呢？我所追求的无一不是现在力所不能及的，为什么我不把自己的位置放低一些呢？"

后来，这位朋友成功了，他一步步地从低层走到了高层，最终达到了他理想的目标。

所以说，无论你是天之骄子，还是满面尘土的打工仔；无论你是才高八斗，还是目不识丁；无论你是大智若愚，还是八面玲珑；如果没有找到自己的位置，总是这山望着那山高，好高骛远，那么一切都会徒劳无获。

现实社会中，那些所谓低层次的创业者们，他们的成就同样也让人听得有滋有味、羡慕不已，他们受益和成功的进程也最明显。究其原因，主要是他们没有心理负担，没有包袱，没有顾虑，他们把自己的位置放得很低，所以他们成功了。

想要达到最高处，必须从最低处开始。我们设定位置也要适可而止，不要追求那些不可能达到的目标。希望越大失望也就越大。

◆ 明白想要的是什么

在2001年的时候，我认识了一位朋友，他是一位拥有出色业绩的安利推销员，可是他一直都希望能跻身于最高业绩的行列中。刚开始推销安利产品的时候，他总是不断地遭受失败，遭受打击，他在心里认为他不适合做安利产品，他想进入到金钻级只不过是一个愿望而已，于是他对安利事业抱着无所谓的态度去做，对于有可能成交的客户，他从来没真正去争取过，也从来没有看过安利的奖金制度。直到那一年，他遇到了我，我对他说了这样一句话："如果让愿望更加明确，就会有实现的一天。"在这句话的启发下，他开始改变自己。

正是由于我所说的这句话，这位朋友把安利的奖金制度认真地看了一遍，他开始设定自己希望的总业绩，然后再逐渐增加。在他的计划里这样写道：第一月提高5%，第二月提高10%，第三月提高20%……结果由于他的努力，在第二个月时他的顾客增加了20%，甚至还高。一个月后我这位朋友把他的业绩进行了整理，他感到非常地吃惊，因为他的计划得以实现，甚至超过许多，此后他更加充满激情地去工作，不论什么状况，任何交易，都会设立一个明确的数字作为目标，并在一至两个月内完成。

他后来遇到我的时候说："我觉得，目标越是明确，就越感到自己对达成目标的决心和希望。在我的计划里包括我想得到的地位、我想得到的收入、我想具有的能力。在经过一段时间的知识积累和努力后，我各方面的能力都提高了不少，终于在第一年的年终，使自己的业绩创造了空前的记录，以后的年头效果更佳。"

这位朋友最后为自己做了一个结论："以前，我不是不曾考虑过要扩展业绩、提升自己的工作成就，但是因为我从来只是想想而已，不曾立即行动，当然所有的愿望都落空了。自从我明确设立了目标，以及为了实现目标而设定具体的数字和期限后，我才真正感觉到，强大的推动力正在鞭策我去达成它。总之，正确地确立自己的人生定位，是非常重要的，而基于其上的目标与梦想将会引导我们度过美满的人生。"

我们每个人都有自己的本质和需要，你必须根据自己的本质和需要，选择自己能完成的目标。用自己的双脚，踏出光明的前程。这就是成功的人生。

人生都是多姿多彩的，每个人所做的梦都是不同的，你有你自己的需要、希望、价值观和优点，这是你的本质。如果你违背自己的本质，去做那些自己不愿意做的事情，那你的梦对于你来说将是一个恶梦，无论你如何去改变都得不到幸福、快乐。

大刘因为工作的变动，到了一个全新的部门，这个部门似乎没有以前的职位风光，没有以前的地位显赫，于是他总是担心别人会有什么其他的想法："怎么回事，是不是犯了错误、腐败了而下来了。"虽然是正常的工作调动，而且也是自己一直希望的，但还是担心别人会说些什么，于是待在家中好久也没有露面。

有一天到大街上，遇到一个熟人，他说："你不做老总啦？调到哪儿去了？"大刘说："不做了，调北京办事处去了。"他说："好呀，祝贺你呢！"大刘笑笑："有时间去玩呀。"然后作别。但是心里总有一种淡淡的感觉，害怕熟人是在笑话他。

过了不久，恰巧在某处又碰到了那位熟人，他说："听说你不做老总了，调哪儿去了呢？"大刘觉得你这人怎么这样，这么不在意人，不是同你说过了吗？但最后还是淡淡地说："我调北京办事处去了，有时间去玩。"他好像一下恍然大悟："对了对了，你说过的，对不起呀对不起呀，我忘了。"听了他这话，大刘心情突然开朗起来，好像一下子悟出什么来。是呀，自己整天担心别人说什么，整天把自己当回事，而别人早把自己忘了。于是，照旧同原来一样，同朋友们一起喝酒聊天，大家依然是那样的热情，依然是那样的真诚和开心。

其实，所有的不堪和烦恼，只是自己杯弓蛇影的自恋和自虐而已，所有的担心和疑惑，全是自己的原因。在别人的心中，自己并不是那么重要的。

生活中常常碰到的许多事，比如：说了什么不得体的话，被他人误会了什么，遇到了什么尴尬的事，等等，大可不必耿耿于怀，更不必揪住所有人做解释，因为事情一旦过去，没有人还有耐心去理会曾经的一句闲话，一个小的过失和疏忽。你可以问问自己，别人的一次失误或尴尬，真的会总在你的心头挥之不去，让你时时惦念吗？你对别人的衣食住行真的就是那么关心，甚或超过关心自己吗？

人生中有那么多事，每个人自己的事都处理不完，没有多少人还会去关心与自己不太相关的事情，只要你不对别人造成什么伤害，只要不是损害了别人的什么利益，没有什么人会对你的失误或尴尬太在意的。也许第二天太阳升起的时候，别人什么事都没有了，只有自己还念念不忘。记得陶渊明写过这样的话："亲戚或余悲，他人亦已歌，死去何所道，托体同山阿。"想想也是，在你还沉浸在悲伤之中时，别人早已踏歌而去了。所以你要明呗别人的心中，你没有那么重要。

千万不要做一个自己没有实力却怪别人没眼光的人。如果你现在正在什么地方受了冷落，不要怨气冲冲，你应该记住，你是个普通人，没有人会太在意你。

成功、快乐、幸福的人生，是从认清自己开始的。当认清自己以后才能更好地决定自己的目标，知道自己想要什么，才能迈着前进的步伐为实现这个目标去努力。

一个人活着就是为了走到最前方，但是前方的路需要你用心灵之眼观看，如果你不清楚自己要走什么路，不明白自己的需要，那么很可能做出完全和自己需要相反的选择，最后你只会与你的目标越来越远。

一位企业领导者说过这样的话："当你对自己生活不满意时，那么，这种生活就不是你自己的需要，虽然你现在所从事的工作使你应有尽有，但你自己所做的并不是你想要的。"我极力同意这位领导者的说法。

你要明白人生的路有很多条，并不是任何一条路都是最适合自己的。在人生的道路上，你可以一次选择到使自己能获得成功的路，但这是极少数的人，因为他们选择的道路是出于个人的兴趣、爱好和毅力，并且较好地把握了"自知之明"。对于更多的人来说，并不是一下子就能认清自己的本质，选准努力的方向。他们只有经历两次或多次的认识，再认识，才能找到属于他们自己的奋斗目标，走上成功的大道。

阿西莫夫是一位科普作家，也是一位自然科学家。他的成功，得益于对自己的再认识、再发现。一天上午，当他坐在打字机前打字的时候，突然意识到："我不能成为第一流的科学家，却能够成为第一流的科普作家。"于是，他几乎把全部精力都放在了科普创作上，终于使自己成为当代世界最著名的科普作家。伦琴原来是学工程科学的，但是他在老师孔特的影响下，进入了物理学，他一发不可收拾，因为他在物理实验中逐渐体会到：这就是最适合自己干的行业。后来，他果然成了一位很有成就的物理学家。

法国生物学家拉马克，由牧师转入军界然后再走出军界做了银行职员，之后又进入音乐研究和医学业。最后他遇到了卢梭，并通过卢梭认识到自己所需要的是什么，从此，他才进入了大有用武之地的生物科学界。

是啊！这些名人都是经过重新给自己定位而取得令人瞩目的成就。我们为什么不去好好想想自己现在所处的位置是不是自己最想要的呢？现在许多人都在自己并不喜欢甚至厌恶的岗位上工作着，干自己并不愿意干的工作。所以说，与其折磨自己，空耗人生，倒不如早做决断，另起炉灶。这样你获得成功就会更容易。

成功者之所以成功，关键是掌握了自身的优势，并加倍强化这种优势，完全投入到自己所喜欢的工作之中，让工作兴趣与爱好引导自己迈向成功。

◆ 做自己喜欢的工作

尚鹏出生在一个医生世家，他在上学期间，对医学研究专心致志，并且积极从事实践活动。

尚鹏曾经回忆道："小时候父亲对我的表现很满意，经常对我说'看，我们又多了一名优秀的医生。'"

"我上高中以后就对这项职业失去了兴趣，下定决心想成为一名军人。临行前，父亲心痛地问：你为什么要放弃现有的成就去选择一个新的行业从零开始呢？"

尚鹏说："前程我不感兴趣，我需要的是做自己想做的事。"

父亲又问他："那你去做军人能学到什么？"

尚鹏说："我不知道将来会是什么样子，我只清楚现在该怎么去做。"

尚鹏毕业后进入了云南省军官学院。他刻苦地学习和军训，几年后被升为连长，过后的几年又升职为团长，可他的生活却无法保障，因为他把自己的工资，都捐给了贫困山区的学生，所以他只能是节衣缩食，经济十分紧张。

有一次，尚鹏为了一个白血病的患者，把自己的存款全都捐了出去，并欠了一部分外账，在那3年中尚鹏几乎是靠家里的支援挺过来的。父亲劝他赶紧回头，继续从医，但尚鹏不愿意就这样放弃一切。

也正因为如此，10多年后的尚鹏成了声名显赫的团长，一个让部下所爱戴的团长。也因为尚鹏的坚强，他最终依靠渊博的知识和顽强的意志，一步步走向了成功。

在这个强调自我和个性的时代，每个人都渴望充分发挥自己的个性特点，最大限度地开发自身的潜能，成为符合社会需求的人。美国伟大的哲学家爱默生曾说过："每个从事自己无限热爱的工作的人，都可以获得成功"。只要你选择与自己志趣相投的职业，你就不会陷于失败的境地。特别是年轻人，一旦选择了真正感兴趣的职业，你将总是精力充沛，全力以赴地去工作。一份自己想做的工作会让你如鱼得水，充分发挥你的潜能，迅速成长起来。

约瑟夫·休默所从事的是完全不同的职业，他天资平平，但坚毅果断，意志非凡，且非常诚实。他的人生格言是"坚忍以行"。他终生践履此言。休默的父亲早逝，他母亲在蒙特罗斯开了一家小店铺，含辛茹苦把他们几个儿女拉扯大。后来，他母亲把他送到一位外科医生那儿学习，以便休默将来从医。毕业之后，他以轮船医生的身份随船去过几次印度，后来他在东印度公司获得军校学员医生身份。

没有人像休默那样不要命地工作，也没有人像他那样严谨地生活。由于他恪尽职守深得上司的信任，他不断被提拔。1803年马哈特战争爆发，他随鲍威尔将军出征，在战争中，翻译人员牺牲了。休默学习和研究当地语言，他接替了翻译的工作，发挥了不可估量的作用。随后他被任命为医疗队的队长。他的工作能力十分惊人，这些工作对他说来远远不够，他另外还当出纳员、投递员。工作越多，他就越高兴，干得也就越欢。他还签约负责提供军需品，这既能有利于部队也有利于他自己。回到英国之后，他已有不少积蓄，他所做的第一件事，就是给家里的穷人们提供帮助，这也是他的夙愿。

约瑟夫·休默不是那种贪图安逸，追求个人享乐的人。对他而言，工作和劳动就是快乐和幸福。为了了解他的祖国和人民的实际状况，他走遍了英国的每一个城镇，当时英国已享有制造业的盛誉。为了获得其他国家的有关情况，他多次到外游历，扩大视野。

1812年回到英国之后，他进入了国会，成了国会议员。其间除短暂中断外，他连任了34年议员，有史记载的他的第一篇演讲是关于公共教育问题。在休默漫长而令人尊敬的生涯中，他一直诚挚地关注公众教育问题以及其他种种社会问题，如刑法改革、银行储蓄问题、自由贸易、经济发展与艰苦奋斗。扩大民众代表权等等，对于每一个有益公众的问题，他都全身心地投入，不屈不挠地为之奔波、呼吁。他是一个名副其实为公众事业着想、为公众事业操劳的人。无论他干什么事，他都竭其所能，不遗余力。他并不善言谈，他不是那种大话连篇、不干实事的人，他讲的每一句话都朴实无华，但他言必行，行必果。他的坦率、单纯、热诚，以及一丝不苟的性格，均体现在他的一言一行之中。

如果说事实是检验一个人最好的试金石的话，那么用它来衡量约瑟夫·休默真是再好不过了。沙佛兹伯里说过："嘲笑是检验真理的试金石。"这句话对休默来说也许有最深刻的体会。没有人像他那样受到来自各方面的嘲笑，但他又确确实实终生在这个职位上。他常常面对多种政治力量的打击，选民运动也直接攻击他，人们并不感到他的影响和作用，但许多重要的改善经济的举措都是在他的努力下实现的。

为了克服重重障碍，每推行一项强国富民的举措他都要殚精竭虑，奋力以求。这其中所付出的辛劳真是无法估量的。他6点起床，处理各方来信并把自己的报告准备好提交议会；早餐后，他接待来访人员，有时一个早上要接待20人之多。议会会议很少没有他参加，有时争论激烈，会议一直拖到下午两三点钟，但他从不提早退席。

几十年来，年复一年，月复一月，他无数次以压倒票数当选，却不断地遭到打击、排挤，乃至冷言恶语的讥讽。在许多时候，他孤立无援，陷入困境。面对挫折、失意，他坚韧无比，从不气馁，他谦和中有刚毅，遇事沉着稳重。面对政治上的纷争，面对各集团利益的冲突，面对个人进退维谷之境，他断之以公，行之以法，以民为重，绝不苟且。几十年以来，他早已知寒识雨，但每当一项重大措施冲破重重障碍而得到公众的欢呼时，他常常泪流满面！

在生活中，我们也许会为了别人而被迫放弃做一个真实的自己。但我们永远都要知道真实的自己需要什么，喜欢什么。有勇气坚持做一个真实的自己是一种幸福，一种活的真实的幸福。

宇晨刚大学毕业的时候，没有一个明确的目标，他不知道自己适合做什么，在家人的帮助下，他成了一名银行的普通职员。可是，在银行里，宇晨并不快乐，他发现自己总是心不在焉，而且始终把工作看作是一种生活的负担，就这样，他一做就是三年。

当他一个人的时候，他会跑到湖边，吹着风，远看湖水的平静。那个时候，他很多次问自己是否真的适合现在的工作。一段时间后，宇晨发现自己真的不喜欢这个工作，虽然薪水不低，但他早年的梦想是做一名为人民服务的警务人员。因为，那样的工作能为他人提供帮助，得到他人的赞扬，享受许多别人无法想象的乐趣。

经过一番考虑，宇晨毅然放弃了银行的工作选择当兵。由于他是大学学历，并且岁数不大，三年后，他退役回到家乡，并且达成心愿成为了一名人民警察。此后他在工作上全心全意地为人民排忧解难，他的才华和潜力也得以充分运用，工作相当出色。十年之后，他成功当选公安局长，他为民办事的理想获得进一步拓展，他的职业也获得更大的荣誉和发展。

作为一名员工或者一名学生，你们有没有扪心自问，你所从事的工作是不是自己内心所热爱、一心想做的职业？如果答案是否定的，那么应该趁早转行，去选择自己喜欢做的职业。

社会职业千差万别，人与人也各不相同，不要这山望着那山高。只要你找到自己喜欢的工作，做好自己该做的事，你就找到了自己的成功和幸福。

第四章
把握自己

这个世界上，有许多默默无闻的人大都不明白自己究竟为什么而活？因为清楚自己为什么而活的人，都成为了富甲一方的富豪或者过上了无忧无虑的生活。如果你想换一种活法，开始一个新的人生，那么，你就必须先把握好自己的心态与选择。

◆ 命运就攥在你自己手里

一个生活平庸的人带着对命运的疑问去拜访禅师，他问禅师："您说真的有命运吗？"

"有的。"禅师回答。

"但我的命运在哪里？"他问。

禅师就让他伸出他的左手，指给他看，说："你看清楚了吗？这条横线叫爱情线，这条斜线叫事业线，另外一条弧线就是生命线。"

禅师又让他将手慢慢地握起来，握得紧紧的，禅师问："你说这几根线在哪里？"

那人迷惑地说："在我的手里啊！"

"命运呢？"

那人终于恍然大悟，原来命运是在自己的手里。

不管别人怎么跟你说，记住，命运在自己的手里，而不是在别人的嘴里！当然，再看看自己的拳头，你还会发现，你的生命线有一部分还留在外面没有被抓住，它又能给你什么启示？命运大部分掌握在自己手里，但还有一部分掌握在"上天"的手里。古往今来，凡成大业者，他们"奋斗"的意义就在于用其一生的努力去换取在"上天"手里的那一部分"命运"。

俗话说："天下没有免费的午餐。"你只有积极进取、努力争夺，才可能获得满意的结果。如果只是一味地等待机会，就如同躺在床上等待小鸟飞到你的手掌心，这样的话，伴随你的也只有一次次的失望甚至是绝望了。

那么，现在就握紧自己的手，对自己的内心大声说一句：命运掌握在我自己的手中，而不在别人的手里和嘴里！

读初二的时候，男孩的成绩很差，尽管已经用了心，可英语考试成绩总是个位数，数学总是不及格。在盛行统考的年代里，像这样拖累全班成绩的"差生"是各科老师的"眼中钉"、"肉中刺"，巴不得他们退学回家（那时不谈控制流生）。要不是怕见母亲辛苦劳作的样子和父亲期待的目光，男孩早就顺从老师的心愿——退学了。

又是一个快要统考的日子，英语老师把男孩和其他几位"差生"单独留下来开会，让他们在考试时"消失"，最好以后也不要不上学了，直言他们不是读书的料，不如早点回去学个手艺挣钱，老师甚至还讥笑着劝他继承父亲的工匠手艺。男孩当时真是气极了。

受了老师定性的话语的打击，男孩毫无生气地背着书包往回走，脑子里回想着如何回家跟父亲说。没想到在路上遇着了出来替东家买钉子的父亲。父亲见男孩的样子不对劲。就追问为什么。因为赶时间，父亲把男孩抱到他的自行车后座上，边走边跟男孩说话。憨实的男孩不会撒谎，也不敢撒谎，就一边流泪，一边叙说了事情的经过。听完男孩的话，余下的一段路上父亲默默无语。男孩知道，他又让父亲伤心了。

到了东家的工场，父亲抱下男孩，问：你还愿意上学吗？面对父亲的目光，男孩知道父亲的心思，点了点头。父亲拍了一下男孩的肩膀：好，有种！我支持你上学。你要记住，是不是块读书的料，不是老师说的，而要看你自己。来，你看——

　　父亲把男孩领进他的工场，指着一根杉木说：它既粗又直，就该放到屋上做栋梁；又指着一根榆木说：它既细又曲，除了根部可做个桌腿外，其余的部分只能劈柴烧。杉木、榆木的功用不是我们木匠定的，而是它们自身长成的，俺想把它们倒过来都不成。你就像一颗小树苗，能否长成栋梁不在别人怎么说，而在你怎么干，命运就攥在你自己的手里！

　　命运就攥在你自己的手里！这句朴实的话让男孩回到了课堂，开始没日没夜地拼命。尽管初中毕业时男孩没有冒尖，但"差生"的帽子被摘掉了；进入高中，男孩时时铭记着父亲的话，开始跃居班级的前列、年级的前列，最终考进了大学，成为全村第一位大学生，轰动了全村。

　　临上大学前，父亲背着行李送男孩，很不过意地说：孩子，家里穷，实在没有好东西给你。男孩说："不，你已经送了，你那句'命运就攥在你自己的手里'使我受益终生，这就是给我的最好馈赠。"

◆ 操之在我，控制情绪

什么是操之在我。其实操之在我就是需要我们从多个角度去思考问题，主动寻找属于自己的东西。而不是用单一的思维去考虑把自己困在独木桥上。那些善于操之在我的人，他们不断激励自己使用积极的思维，使自己保持轻松、愉悦的心情和健康的心态。

半年前我去中关村找一位朋友，在路过太平洋电子城时，一个年龄和我差不多的女孩向我走了过来，她挡在我的面前，用一口标准的普通话对我说："先生您好，我是纽曼直销公司的，我们的新产品刚刚上市，正在做活动，如果运气好会有机会得到一部最新款的MP4。"

由于我着急去见朋友，所以没有回答女孩的话，直接走了过去。女孩并没有放弃，她又追上我，并把手中的宣传单递给我一张，对我说："这是我们的宣传单和我的名片，希望您有兴趣，如果有需要可以去我们的柜台上购买。"

接过女孩手中的宣传单，我就走了，刚好前面有一个垃圾桶，我也没有看上面的内容，直接把宣传单与名片一起丢了进去。刚走出去几步，女孩就追了上来，她用一种很奇怪的眼神看着我，然后对我说："对不起先生，我知道您在赶时间，也不会有时间到我们柜台上，所以希望你能把我的名片和宣传单还给我。"

对于女孩的这一举动，我呆了半分钟，然后不好意思地对她说："对不起，你的名片已经脏了，还你很不合适。"

"没关系的，脏了我也要。"女孩坚定地说道。

"可是，你的名片和宣传单已经让我丢进垃圾桶了，要不我付钱给你行吗？"我不好意思地说道。

女孩用一种很生气的口吻说道："那好，你给我一块钱。"

我没有说什么，从皮夹里拿了一元钱给女孩，可是她没有接，对我这样说道："虽然我的名片和宣传单只值5毛钱，所以我应该再给你一份。但你要记住，不要当面随意地把他人的好意扔进垃圾桶，这样做很不礼貌。"女孩说完就走了。

几天后，我给朋友买了一部最新款的MP4，这部MP4正是在那天那个女孩的柜台上买的。

这个故事给了我们一个什么样的启示呢？受制于人者觉得看得见希望时，才努力上进；操之在我者努力上进，创造了看得见的希望，并积极地从事手头的工作，创造了许多意想不到的机会。

其实，我们只要仔细地观察、研究，就会发现，我们所说的受制于人和操之在我，都是受我们自己的情绪所影响的。生活中，我们的情绪会受到许多因素的影响。这些影响又分为内部因素和外部因素，包括：他人的看法、某一件突发事件、成功与失败、环境、天气情况、身体状况等。

这两种因素的影响，决定了我们情绪的变化和行为特征，其中个人的观点、看法和认识等内部因素直接决定我们的情绪表现，而个人成败、恶言恶语等外部因素则通过影响内部因素而间接决定人的情绪表现。

现实生活中，我们会因为一些问题而使情绪发生变化，也会因此认为，个人的情绪表现是由某些不顺心的事所引起的，其实并不是如此，由于我们在成长的过程中已经形成了许多固定的思维模式，当遇到不如意的事情时，我们就会认为那是不好的事情，从而思考在未来的日子里，是不是一样会如此。用另一种说法就是，我们总是在往坏的方面想象，不去想那些积极的方面。所以，由于个人的看法、认识等内部因素对外部刺激形成的固定反应，才使得外部因素更多地决定了个人情绪。

操之在我，所提倡的是需要我们能够灵活地调整内部因素和外部因素，从而改变那些固定反应。希望我们秉持"脚踏实地，努力耕耘"的理念，投入双手打拼的行动，终至享受自己劳动的甜美果实。

在我们的人生里很多人都知道哪些事该做，然而真正力行去做的人却不多，各位朋友们，光是知道哪些事该做仍是不够的，你还得拿出行动才是。一个人要想有个成功的人生，下面五个方面不能不注意，而在本书里我就要告诉各位如何运用自己的能力，使在这五方面都能获得满意的结果。

一、情绪方面

一个人若是能把情绪方面控制得好，那么其他四个方面要想做好也就不难。就以减肥这件事来说，难道你只是想减掉身上一些肥油吗？还是你想身材更好看些、更有活力些、更能够吸引人些或使自己更有自信些？可以说我们人生中所做的每一件事，都在于改变内心的感受，然而遗憾的是很少有人有这方面的训练，以致于不知道如何迅速且有效地做好这样的改变，结果常因主观的想法而使自己产生挫折感和无力感，却没想到在我们身上其实根本就具有解决问题的无穷潜能。尤有甚者，还有很多人根本就把自己交给环境来控制，靠着药物的麻醉来寻求暂时的解脱。就以美国只占全球人口的百分之五来说，何以竟然吸食掉全球百分之五十以上的古柯碱？又为什么美国人一年中消耗于酒类的金额，竟然和全国的国防费用无分轩轾？各位可知道单单是医生所开的一种名叫Prizac的防止心情沮丧的药物，其一年的支出金额便高达五亿美元？

在本书中你将会知道为什么自己会有某种行为，为什么会引发某种情绪反应，进而了解如何一步步有效地建立起积极的信念，除去消极的心态，让自己的潜能完全地发挥，以达成所企望的人生。

二、健康方面

如果你真追求到所希望的一切却牺牲了健康，请问这样的代价是否值得呢？你是否每天起床后便生气蓬勃，有如生龙活虎般地去迎接生活中的各样挑战？还是起床后觉得一点精神都没有，依然有如前一晚那般疲倦？你每天的生活，是否已一成不变，成为一些统计数字呢？根据调查，每两个美国人之中便有一位会死于跟心脏有关的毛病上，每三人之中便有一位会死于癌症上，至于我们用各样饱含脂肪的垃圾食物来填充肚子，用各种的酒类、香烟及毒品来戕害身体，成天坐在电视机前来麻痹心灵，这一切套用十七世纪著名医生托马斯·莫菲特的话，今天的人正像是"用牙齿在挖掘自己的坟墓"。你要想有成功的人生，第二课得学的便是如何控制好自己的身体健康，不仅看起来健康并且还真觉得健康，完完全全能够掌握住自己的身体状况，使之有充沛的活力去达成所要的人生。

三、人际关系方面

除了情绪及健康这两方面之外，我认为第三重要的便是良好的人际关系了，那包括感情方面的、家庭方面的、工作方面的以及社交方面的，毕竟事业就算是再成功，若四周没有一个人能够与他共享，那种成功又有什么意义呢？在本书中将会告诉各位如何建立起良好的人际关系。首先从自己做起，然后扩展到周围的人身上，你将会发现什么是你最高的价值、什么是你最期望的目标、你应该运用何种人生游戏规则，以及如何给其他的人定位。当你熟悉了建立人际关系的技巧后，便会很容易地和人们建立最诚挚的关系，并从其中获益良多。就我看来，人生中最大的财富便是人际关系，因为它能为你开启所需能力的每一道门，让你能不断地成长、不断地贡献社会。

四、钱财方面

大部分的美国人在到了六十五岁时，不是老死了便是穷死了，这也就是何以很少有人对黄金般的退休岁月敢有任何憧憬。然而你若是没有一套可靠的理财计划，又怎能说人生会有美梦成真的呢？因此本书的第四课便是要告诉各位如何在人生的暮秋时能过得很好，甚至现在也能过得不错。生活在如今的社会里，我们拥有非常好的机会，只要你有能力，便能很容易使自己的美梦得以实现。不过在现实钱财的压力下，大部分的人都有一种错误的观念，就是以为钱财若是能多一点，压力便会相对减轻。我可以告诉各位，当你的钱财越多，则感受到的压力就会越大。我并非是说不要去追求钱财，而是希望你能改变对钱财的观念，不要把它当成人生追求快乐的目标，而应把它视为服务社会的酬劳。

要想在钱财上不虞匮乏，首先你要改变会造成你匮乏的原因，对财富要养成正确的认识及价值观，然后抱持这样的观念去拓展财富。

五、时间方面

任何伟大的事业都需要漫长的时间才能完成，然而我们之中又有多少人真正晓得时间的使用？在此我并不是要跟各位来谈时间管理，而是要各位重视时间的运用，不容轻易蹉跎，你要使时间成为你迈向成功人生的朋友而不是敌人。本书第五课就要提醒你这一点，如果只注重一时的成效，往往会带来长期的痛苦，因此你要学会如何作出好的决定，让自己的想法和创造力——甚至于可说是你的潜能——得以发挥得淋漓尽致。其次你得学会如何作出决定；订出必须的执行策略和蓝图、拿出各种付诸实现的行动，若是所需的时间长些，就必须耐心等待，当有偏差时得顺势修正。一旦你对时间的运用熟悉之后，就会了解大部分人实在是高估了一年之中所能完成的事，而低估了十年之中所能完成的事。

对于这五方面我虽然有些心得，但不表示就一定正确，也不是说我的人生从此就一帆风顺，因为人生多变，未来我仍有许多挑战得面对，不过我会努力去学习、去坚持，不断地向成功之路迈进。对于任何挑战我都认为是一次学习的机会，可以使人生更上一层楼，而能使我在上述这五方面也有更大的拓展。

或许我的生活方式不一定就是各位追求人生的唯一答案，而我的梦和我的目标也不一定就适合各位，然而我相信所学的功课——如何美梦成真——是每个人迈向成功所不可少的。这本书你可把它视为是一本行动指南，教你如何提高人生的品质，从其中领悟出人生的乐趣。对于我写的上一本（激发无限的潜力）一书。我感到十分自豪，因为它对许许多多人造成难以估计的影响。同样地，我也相信这本书必能使你有新的视野，帮助你再一次发挥潜能，把人生推向更高一层的境界。

有句话说："熟能生巧"。因此，我希望你能反复地阅读这本书，把其中所说的各样法则或道理不时地钻研，运用于生活之中，那就有迈向成功的可能，因为在你的身上早就蕴藏着无比的潜能。看这本书时你可别照单全收，而要择取其中有用的部分并立刻付诸行动，相信必然能做出惊人的成绩。

我写这本书的目的是要帮助各位完全改变自己的人生，使之能推进到更高一层的境界。这本书的焦点乃是放在开创人生全面性的改变，因此里面包含各种改变人生的观念及方法，它们的价值都极其珍贵，如果你曾阅读过《激发无限的潜力》，对它们就必然十分熟悉。在此我们就开始展开人生之旅，让我们去挖掘出最真实也最丰富的潜能，那是早已蕴藏在你身上而不自觉的资源，若不使用就太可惜了。最后我要敬告各位，人生实在宝贵，它赋予我们每个人独有的权利、机会和责任，只要我们有心去耕耘就能结出丰硕的果实。现在就让我们走上这条探索的道路上吧……

◆ 做最优秀的自己

一位飞行员这样讲述他的经历：

"有一次我独自飞行在大洋上空，忽然看到远方有一团比黑夜更晦暗的风暴迅速朝我逼来。乌云如闪电一般立刻笼罩在四周。

"我知道无法赶在风雨来袭之前安全着陆，我俯视海洋，看看是否能冲出云层匍行海面上，但是海洋也掀起汹涌的波涛。我知道现在唯一可行的就是往上飞。于是驾着飞机飞向高空，让它上升1000英尺、2000英尺、2500英尺、3000英尺、3500英尺。天空骤然变得漆黑如夜。接着大雨倾盆而下，冰雹像子弹一般落下。我在4000英尺的高空，知道只有一条生路，就是继续往上飞。所以我就爬上6500英尺的高空，忽然，我冲进一片阳光灿烂的福地，这是我前所未见的景象。乌云都在我脚下，光彩夺目的苍穹伸展在我的上空。这种荣光似乎属于另一个世界。"

我们未曾活在至高之处，尚未追寻到理想的境界；我们只是与蜂蝶竞逐，还尚未与兀鹰比翼；我们常止于蜗牛学步，而不曾攀登高峰。

现实生活中，有些人却不愿像老鹰那样展翅于高空，他们只愿做一只栖息枝头的平庸的麻雀。向下或上的道路，都是由我们自己选择。向下我们只能看见平庸的生活。而向上，我们不仅能看见人生的美景，更能展示人生的风采。

皮鲁克是一位木匠的学徒，当他被派去做衣橱时，他的周薪只有400美元。当他完成工作后，他发现客户对自己善于利用空间以及他的木工技艺而感到满意时，皮鲁克以开阔的眼界，想到了一个主意，他用他从第一位客户那儿赚到的工资，开办了一家加州衣橱公司。

皮鲁克就凭着当时深受欢迎的"将拥挤的衣橱，转变成能有效利用的空间"的需求，在12年内就把自己的公司扩大成为在全美拥有一百多家加盟店的大企业，也引起其他衣橱制造业者一窝蜂跟进。1989年，皮鲁克将他的公司以1200万美金的价格出售了。

皮鲁克可以作为一个木匠而感到满足，因为他能认清自己的能力，他获得的成功甚至超过了当初的梦想。

当你选定了人生所追求的目标之时，你的视野就会变得越来越开阔，因为开阔的视野不仅会给你带来更多的机遇、更多的财富，同时还使你更具创造性，让你一步步走向成功的明天。

其实，我们一生中最大的敌人就是自己，有这样一句话："说服自己是一种理智的胜利；感动自己是一种心灵的升华；征服自己是一种人生的成熟；挑战自己是一种成功的基础。"确实如此，我们一生都在挑战自己，只有战胜自己才能战胜他人、战胜困难。

1865年，美国南北战争结束了。一名记者去采访林肯，他们有这么一段对话：

记者："据我所知，上两届总统都曾想过废除农奴制，《解放黑奴宣言》也早在他们那个时期就已草就，可是他们都没拿起笔签署它。请问总统先生，他们是不是想把这一伟业留下来，让您去成就英名？"

林肯："可能有这个意思吧。不过，如果他们知道拿起笔需要的仅是一点勇气，我想他们一定非常懊丧。"

记者还没来得及问下去，林肯的马车就出发了，因此，他一直都没弄明白林肯的这句话到底是什么意思。

直到1914年，林肯去世50年了，记者才在林肯致朋友的一封信中找到答案。在信里，林肯谈到幼年的一段经历：

"我父亲在西雅图有一处农场，农场里有许多石头。正因如此，父亲才得以用较低价格买下它。有一天，母亲建议把上面的石头搬走。父亲说，如果可以搬走的话，主人就不会卖给我们了，它们是一座座小山头，都与大山连着。

"有一年，父亲去城里买马，母亲带我们到农场劳动。母亲说，让我们把这些碍事的东西搬走，好吗？于是我们开始挖那一块块石头。不长时间，就把它们弄走了，因为它们并不是父亲想象的山头，而是一块块孤零零的石块，只要往下挖一英尺，就可以把它们晃动。"

林肯在信的末尾说，有些事情人们之所以不去做，只是因为他们认为不可能。而许多不可能，只存在于人们的想象之中。

每个人都有一大堆的愿望，但他们却很难踏上实现的征程，影响他们作出选择的因素有时候很简单，那就是勇气。他们因为恐惧而害怕选择自己认为不可能的愿望，因此也错过了成功的机会。

如果你有一个不可战胜的灵魂，那么无论在你身上发生什么事，无论面前有多么大的困难，都无法影响到你。当你意识到自己从伟大的造物主那里获得源源不断的能量时，能真正影响到你的事情就少之又少了。因为，无论什么事情降临在你身上，你都可以保持内心的平静。

那些成功的人们，如果当初都在一个个"不可能"的面前，因恐惧失败而退却，而放弃尝试的机会，他们就不可能获得成功，他们也将平凡。没有勇敢的尝试，就无从得知事物的深刻内涵，而勇敢作出决断了，即使失败，也由于对实际痛苦的亲身体验，而获得宝贵的经验，从而在命运的挣扎中，愈发坚强，愈发有力，愈接近成功。

不甘平凡，勇敢地挑战自我、挑战潜能，下定决心，铁了心去做。你可能面对不同的局面，但必须要时刻记住：要为梦想去奋斗，你有信心获得成功，你就能成功，因为，你体内有一股巨大的潜能。你勇敢，困难便退却；你懦弱，困难就变本加厉地折磨你。你勇敢，就可能成功；你懦弱，则肯定会失败。

有一只猫，在晒太阳。那只猫对太阳说：太阳，你真伟大，你让我感受到了温暖。

太阳说：我才不伟大呢，你看见云了吗？它就能把我挡住。

于是那个猫对云说：云，你这个世界上最伟大的。

云说：我才不伟大呢，风才伟大呢，它可以轻易的把我吹走！

猫又对风说：风，原来你是最伟大的。

风对猫说：我不是，你看见你对面那个墙了吗？不管多大的风到它那就会停下来的。

猫转过头对墙说：原来你是最伟大的。

墙对猫说：我也不是最伟大的，你看我很壮实。

其实我的底部都被老鼠掏空了。老鼠才是最伟大的！

猫来到老鼠洞，问老鼠：原来你才是最伟大的！

老鼠战战兢兢的说：我？别开玩笑了。你老人家在洞口晒太阳我们一家好几十口人都饿着呢。你才是最伟大的。

猫这才恍然大悟。自己一味的去追随最伟大的东西，却忽略了自己，原来在它自己的世界里，它自己才是最伟大的！

人生，不论到了哪一步境地，只要你还有勇气向成功挑战，你就还没有失败。所谓失败，都可以算作你的宝贵经验，是可以创造财富的。所以，只要勇气还在，你就有望赢得胜利，你就可以立于不败之地！

◆ 不要自寻烦恼

生活当中，有各种各样的烦恼和忧虑充斥着人们的心灵，这些杞人忧天式的烦恼和忧虑久而久之便成为了一种习惯，甚至会因此成为人的一种性格，最终把我们变成一个没有斗志的失败者。其实，所有的烦恼和忧虑都来自于我们自己，这些烦恼和忧虑都是我们自己寻找的。

许多年前，有一个秀才，几次名落孙山之后，就失去了以往的开朗性格，每天都生活在烦恼和忧虑之中，为了改变这种状况，他四处寻找能帮助自己解脱烦恼和忧虑的智者。

一天，他经过一片田地，看到一位农夫在田里干活，一边干活，一边哼着小调。秀才走上前去对农夫说道："你看起来非常快乐，有什么原因吗？你能否教给我解脱烦恼和忧虑的方法吗？"农夫看了看秀才，对他说道："你和我一样在农田里干活，就什么烦恼都没有了。"秀才试了试，可对他没有什么用，于是秀才又继续上路了。

这天，秀才到了一座山脚下，正好看到一位白发老翁在山边的河里钓鱼，看到白发老翁神情怡然，自得其乐的样子，秀才又走了上去，对老翁说道："老人家，您能教我如何解脱身上的烦恼和忧虑吗？"白发老翁对秀才说道："年轻人，跟我一起去钓鱼吧！保管你的烦恼和忧虑一扫而空。"这次仍然没有什么效果，秀才无奈地又继续上路了。

几天以后，秀才来到了一个小山庙里，在那里秀才看到一个老人独坐在棋盘边上下棋，老人面带满足的微笑。秀才向老人深深地鞠了一个躬，对老人说明来意。老人微笑地看着秀才，问道："我知道你的来意了，你希望找到一位智者帮你解脱烦恼与忧虑是吗？"秀才高兴地答道："正是如此，希望前辈能帮助我解脱烦恼与忧虑。"

老人转过身在棋盘上下了一颗子，又问秀才："你看这盘棋上白子困住黑子了吗？"

"没有。"

"那么，有谁困住你了吗？"老人问道。

年轻人疑惑地答道："没有。"

"既然没有人困住你，又怎么来解脱你呢？"老人说。

秀才在那儿站了良久，然后整个人仿佛都变了一样，笑着对老人说道："谢谢老人家，我懂了。"

正如老人所说的，在生活中，我们的烦恼都是自找的，所有的烦恼和忧虑都是自己把自己给困住了，与别人无关。

其实，我们每个人都有过或多或少忧虑的经历。例如：我们每天都会想会不会失业；会不会迟到；今天会不会把所有的工作都很好地完成。其实，烦恼要来的时候自然会来，我们没有必要去整天担忧。我们需要做的，就是把每一天所要做的每一件事情都认真地做好。

我们没有特权永远去做自己喜欢的事，能轻松地完成工作，但是我们有权力从自己的工作中找到解脱烦恼与忧虑的乐趣。我们每个人都向往更好的明天，然而很多人都在战战兢兢地生活，都在害怕突然自己现有的一切都化成泡影，正是因为这些忧虑，恐惧感就油然而生了。

如果你觉得心头烦闷那有一个原因，就是你把一切可以让你舒畅的事全都视而不见；又如果你觉得心里很快乐也有一个原因，即你把一切让你烦恼的事也都视而不见。因此当你问起某个人某个问题时，事实上你是改变了他的意焦，同时也让他忽视某些事。如果有个人问起你这句话："对于这件事你是否也和我一样地失望？"就算是你先前并没这个想法，这时很可能就会勾起你对件事新的评估，甚而也开始真的对这件事感到失望；再如有个人对你问道："你生活中最糟糕的是什么事？"这时你的脑子不会去思索这个问题问得是不是可笑，反倒可能真的会去找寻答案，即使你刻意不去回答这个问题；但它已在你的脑海中留下了印象，后来不知不觉中会浮现心头。

相反地，如果你问道："什么是我人生中最值得骄傲的事？"同时并不断去找寻答案，很可能因此一下子便可改变为极佳的情绪。如果有人问道："你知道这个计划实在是好，如果我们能够完成，你可知它会对我们带来多大的好处吗？"当你听了此话后，即使是件十分劳苦的工作也会不辞的。问题具有强大的威力，使我们能够集中意焦，改变自己的意识、感受或行为。现在请你暂停一会儿并环顾一下房间，心里想着："这间房间里有什么是褐色的？"此时你的脑海便会随着眼睛所看到凡是褐色的东西都记下来。现在再请你把眼光回到这本书上，然后心里再想着这间房间里一切是"绿色"的东西，不过这时可不要转头去找。如果你对这间房间很熟悉，当然便能很轻易地知道有哪些东西是绿色的，然而若是你对这间房间陌生的话，很可能所记得褐色的东西会比绿色的为多。现在请你再环顾一下房间看看有什么是绿色的，这次是不是看见比较多绿色的东西呢？如果你对这间房间真是陌生的话，我相信你一定会看见较先前为多的绿色东西。从这个练习里我们可以得知，只要我们有心去寻找就必然能得到。

因此，如果你因一件事不如意而想发脾气的话，最好是先问问自己：“从这件事上我能学到什么而免得日后重蹈覆辙？”这种问法十分有建设性，它能让你冷静下来而跳出当时的愤怒，针对现况找出补救的措施，很可能便因而发现出先前所忽略的好机会来。

提出问题会影响我们的信念，改变对于“可能”或“不可能”的重新认知，在第四章我们就会说过，问题提得好会削弱（甚至拆掉）消极信念的桌脚，而代之以积极的信念。然而你可知道，在提出的问题里有计划地选择使用字眼及先后顺序，往往会使我们不察其中隐藏的陷阱而视为当然，这种提问的方式称之为“预设立场”。

当碰到预设立场的问题时，我们会不自觉地接受别人所说的，或者是自己潜意识中所相信的，也不管那是不是真有其事。譬如说；如果你自问：“为什么我的运气就这么差？”若再经过几次不如意的事情后，你便真会以为自已在走霉运了，为什么会这样呢？正因为你所问的问题，脑子就服从命令地为它找出答案。当我们认为是怎样时，意焦便会放在如何去肯定它，而不去质疑它是否真是如此。

有一个例子很可以用来解释这种现象，那就是发生于一九八八年的总统大选过程中，当时总统候选人布什刚提名奎尔为竞选搭档，而有一家电视公司便作了一次全国性的民意调查。该调查系以电话查询人们对这个问题的观点：“如果奎尔曾利用其家族的影响力，得免去越南作战，你是否对他被提名为共和党副总统候选人感到困惑？”很明显地这个问题中有个陷阱，好像奎尔的家族真的曾利用特权。然而人们却不管这件事是否查证过，便直觉以为奎尔曾有过逃避去越南的企图，结果造成很多受访者对奎尔的印象大打折扣，事实上奎尔家族根本就没有做这样的事。这种提问问题的方式经常会出现在我们的四周，有的是别人问我们，有的是我们问别人，甚至于问自己。各位要特别留意别掉进这种问题的陷阱里去，而使自己因而消极，反之要尽可能去找那些能使你振奋的依据，以建立起积极的信念。

不过，任何事情都会有两面性，正如一位心理学家所说："适当的恐惧感可以促使我们奋发向上，没有了它，大多数人就失去了激发自己向上的原动力，也就没了奋斗动机。但是，过度恐惧却也并不可取，它只会让我们整天忧心重重，久而久之成了习惯，甚至于内化成个人的性格，变成无事不忧、无事不虑，反而束手束脚，让你什么事也做不了。"事实也的确如此。

在生活中，如果我们能凡事都退一步想，忧虑就会降到最低。就以上面的几个小例子来说，虽然失业了，但是我们可能找到更好的工作；今天迟到了，也可以自己安慰。其实，对于那些未知的事，我们的猜想都有几率问题，我在一本书上看到这样的一段话："以统计学来说，最坏和最好的情况出现的几率都是微乎其微的，同时它们的机会也大略相等，所以你不必担心。更何况，如果最坏的结果真被你料到了，你又能怎么办？你的担心能够改变它吗？"是啊，就算我们能知道未来所发生的事，我们又能怎么做。所以说，与其用一些时间去忧虑那些不能确定的事，还不如对自己的未来做一番规划。

◆ 跨越恐惧的困惑

不论是什么样的恐惧，都是我们的仇敌。只要心怀恐惧，我们所有的快乐将慢慢失去，将成为懦夫，使许多原本可以完成的事半途而废。只有信念是打败恐惧的最好武器，是让我们勇敢的精神支柱。

人生在世，不如意之事十有八九，每个人都有失意与困惑的时候。事业的挫折、家庭的矛盾、朋友之间的冲突等，都是我们常常碰到的。每当这些事情在我们身上发生时，我们都会表现出忧虑重重，不再安静等情绪。如果这些情绪不能及时消除，那么，久而久之我们的思想就会被它一点点地侵蚀，这时我们所有的快乐都会失去，迎接我们的将是无边的恐惧。

没有什么比把你从失败观念的催眠中唤醒更重要的了，因为失败的观念会使你的成功机制陷于瘫痪。

你，无论是男是女，都不是上帝。

什么目标是意义深远的？如果你的信念正把你拉向失败该怎么办？当你陷入消沉之中，放弃所有目标，阳光在生活中黯淡，在别人走向光明时你还在黑暗中沮丧时，你该怎么办？

那就是"战胜失败机制"。

的确，我们必须向"失败机制"的各个方面开战。我所说的"失败机制"是个不断自我加强消极症状的系统，它能瓦解我们潜在的积极乐观的本能。

就像积极乐观的素质能加速成功机制的运转，产生快乐和幸福一样，消极力量的建立就如同下坡路上的石头越滚越快，产生出一系列消极反映，只能制造失败。

我乐于举出失败机制的事件，因为我觉得这有助于人们记住它们：挫败感，攻击性，不安全感，孤独感，不确定感，愤怒感，空虚感，这些都是失败机制的成分。

这些就是敌人，它的杀伤性武器就是令人恐惧。让我们一个一个认清它们，揭穿他的伪装，摧毁它们对人们的影响。

1.挫败感。当我们未达到重要目标或满足于最低要求时，我们就会产生挫败感。或早或晚，我们每个人都会产生挫败感，因为我们没有完美的性格，而世界又是那么复杂。常见的挫败感是失败症状。当一个人发现自己总是重复同样的挫败感模式，他应该问问自己为什么会这样。是因为目标太高吗？是因为受阻于自我苛责吗？是因为又倒退回婴儿时期的表现，挫败时用哭嚎来达到满足，像婴儿一样因为失败而哭嚎吗？为失败而焦虑狂怒，对婴儿也许有用，但是对成人毫无用处。如果把精力都集中于抱怨生活中的不幸，那他只会使情况越来越糟糕。如果多关注一下成功，他就能从已得到的成就中获得自信，那么就会稳步前进，不断成功。

2.攻击性。挫败感的产物是攻击性（是迷失方向的盲目进攻）。攻击性本身不是什么毛病，适当地引导，就能达到我们的目标，这就变成了进取心。但是盲目进攻只能算是失败的又一症状，它与挫败感接踵而来，推动失败的恶性循环。攻击性常常与不当的目标有关，因为那些目标是人们无法达到的。这就导致了失败感的焦虑会怒气冲冲地射向四面八方，就像疯狗到处乱咬，就像火星四处飞溅。无辜的人们成了靶子，受到在失败陷阱中的人焦虑的攻击，也许会无缘无故对妻子大发脾气，对孩子大喊大叫，对朋友讽刺挖苦，对同事吹毛求疵。他的怒火甚至足以恶化他的人际关系，导致更多的失败，更多的盲目攻击。这种可怕的恶性循环什么时候能停下来？答案不在于消灭进攻，而是把它引向获得成功的目标。这样的进攻会带来满足感，减轻挫折感；那么，受挫而为攻击型的人肯定会发现他的行为正在接近成功。

3.不安全感。这也是另一种不愉快的感觉。它产生于内心深处的空虚感，当你感到自己未能恰当地应对挑战时，就会感到不安全。其实并不是我们缺乏能力，但是过高的目标使他总是陷入自责，抑制了潜能的发挥；不安全感让他奋起直追目标，又迅速跌入缺乏真正潜力的哀怨之中。

4.孤独感。我们常常感到孤独，但是我指的是那种与他人、与自己、与生活完全隔绝的极端感受。这是失败的重要表现。的确，这是现代文明中导致失败的因素之一，一般的孤独感就足以让人们陷入无尽的悲伤和忧愁之中。要知道，上帝创造的杰作竟如此与人疏远、孤立，真是太惨了。

5.不确定感。这类失败型症状的特点是优柔寡断。因为人们相信不做决定是最安全的（因为如果做出选择，就会遭受批评；要是决定的结果是错误的，那就更糟糕），于是就产生了不确定感。这种人认为自己一定要做到尽善尽美，因此承担不了错误。每当必须做决定时，他就像面临生死抉择，好像如果犯了点错误，就会毁灭他理想的人生蓝图，因此，他会为微不足道的决定犹豫不决，浪费时间，焦虑不安。最后他终于下定决心，鼓起勇气做出决定。可是，这种扭曲极有可能导致重大失误。不确定感让人难以充实，因为他才不敢去跳水呢，他怕弄湿了脚。

6.愤怒感。因为愤怒感是人们为自己失败开脱的一种方式。无法承认失败，他就寻找个替罪羊来承担责备，发泄他对自己的不满。一旦他觉得生活缺乏变化就会感到愤怒，而他没意识到，也许缺少变化的是他自己。愤怒感使他很难接受失败，反而使恶性循环加速运转，造成更多的挫败感和盲目攻击性。总是陷于不满和愤怒之中的人，就会与他人形成对立，这样就构成了愤怒感的一系列的行为反应。别人不喜欢他的虚伪，回击他的敌意，蔑视他的自怜。长期的愤怒感，渐渐地就会导致自怜，因为愤怒感使人感到他是不公正的受害者：难道不正是人们阻碍了他的成功？难道不正是厄运的捣鬼才使他落后？他越为自己伤感，就越陷入病态情感，更加嫌弃自己，憎恨他人甚至是整个世界。他没有意识到内心的愤怒是失败的温床。只有当他明白自己在生活中的角色是负责树立目标，奋力拼搏，调整进攻方向去达到目标，他才能终止失败的恶性循环。只有当他学会尊重自己，塑造现实的自我形象，他才能改掉愤怒的思维习惯，粉碎这个失败机制的基础部件。

7.空虚感。你知道吗，为什么你认识的那些所谓的"成功人士"好像也有失败感、愤怒感、不确定感、不安全感，空虚以及盲目的进攻性？但是他们全凭赤手空拳就获得了成功！别相信他们的"成功"是真的，因为许多人获得的成功只是具备了成功所有的外形特征。他们会感到空虚，陷入失败机制的罗网之中，缺乏容纳创新生活的能力。他们赚了钱却不知该怎么花；他们厌倦了生活；他们去各地旅游，但是还是逃避不了空虚感；他们在纽约或巴黎感到空虚，就算在火星上仍然感到的是空虚；他们放弃了追求的目标，逃避工作，逃避责任。清晨醒来眺望旭日，迎接黎明，他们没有欣喜，反而发愁如何打发时间。空虚感的特征是脆弱的自我形象。虽然获得了成功，但是空虚的人觉得自己就像罪犯一样，因为他认为他偷来了自己原本不配的东西，所以他有犯罪感。于是当他否定自己的能力时，胜利就变成了失败。他的空虚感成为失败机制运行的表现特征。

以上这些就是失败机制的组成部分，它们是我们的敌人。我把它们写出来，以便你能容易地记住它们。

现在，你该怎么对付他们？该怎样赢得这场伟大战役的胜利？

你必须集中所有激情的炮火对准错误观点进行轰炸，直到把它们夷为平地。你必须掉转攻击性和愤怒感的枪口，杀出克服孤独感和空虚感的血路。

同时，必须搞清一点：失败的行为并不属于失败机制的一部分。在某些活动或计划中的失败，对于一个人来说不足为奇。

我确信一点：如果你从未失败过，那么你肯定从未真正尝试过。正如古罗马哲学家、思想家卢西尤斯·阿涅尤斯·塞纳科（公元前4~公元65，罗马哲学家和悲剧作家）所说的："如果是人，就会钦佩那些敢于尝试的人们，即使他们失败了，也虽败犹荣。"

难道托马斯·爱迪生是个失败者吗？当然不是，这种想法甚至是荒唐可笑的。虽然在大多数伟大发明成功之前，他有过无数次的失败，但是爱迪生从失败中吸取了教训，把失败建成了他成功的基石。

失败乃成功之母，每一项发明都经历了实验的失败；没有失败的实验，就没有成功的发明。

综上所述，我从生活中总结了一条重要经验教训：判断上的失误和操作中的过错都无法避免，除非你退出生活，躲进毫无生机的世界中。即使这样，你在习惯的支配下仍会犯错误。成功生活的秘密就是战胜失败，创造人生的辉煌：这是最重要的信念。忘掉错误，不为错误伤心，理解自身具有的人性弱点。那么，卸去犯罪感的重负，你就会自信地面对整个世界，认识自己最好的一面；制定好目标，在竞争中展露你能获得成功的才华。

这一原则尤其适用于你对新事物的尝试，因为你尝试时，必然会被失误困扰，不要拒绝错误，轻松地承认错误，但是要藐视错误，宽容自己一如你对朋友的容忍，否则你就会扼杀你的尝试。

然后你才能开发自己真正的潜能，在每一年之中不断加强、维护自己的个性，使它恢复本来的面目。

有这样一个中年男子，天已经暗下来，他一个人还在城市里走动，随着天色越来越暗，中年男子的背影也越来越孤独。中年男子很着急，时不时地低头寻找着什么，城市里的人越来越少，很快到了深夜，这个中年男子仍然在寻找，此时，他的心里充满了恐惧，因为他把一台装有重要文件的录音笔丢了。他害怕找不回来，失去现在的工作，害怕公司让他赔偿丢失文件的所有损失，也害怕深夜。

一段时间过去后，中年男子遇到了一位流浪者，他开出10元钱一小时的价钱，希望流浪者能陪同他一起寻找，流浪者很友善地答应帮助他，于是他们两人一起在路上寻找。半个小时过去后，中年人发现流浪者根本就没有把寻找东西的事放在心上，于是他失望地付给流浪者10元钱，又开始了独自一人的寻找。不久，中年人又遇到了第二个陌生人，这个陌生人对他说他有可能知道那个录音笔在哪儿，于是中年人和这个陌生人开始了第二次寻找，可是他们这次找到的只是一个玩具，于是他陷入深深的绝望之中。中年人漫无目的地走着，一路的惊慌和失误，使他彷徨、失落进而恐惧。中年人把手伸进了左边的衣袋里拿出了烟盒，当他在右边的口袋里拿打火机时，摸到了他寻找半天的录音笔。

中年人看着手中的录音笔，一段时间后，他若有所悟地笑了，他一边笑一边对自己说：原来它始终在自己身上，只是我一直没有在自己的身上寻找罢了。因为他的着急，反而忽略了自己身上的口袋。

通过阅读这个故事，我们得到这样一个启示：情绪性的恐惧是多余的。假如有人告诉你别的，那他一定没有找到他自己。

保罗·泰利斯博士说过这样一段话："在每个令人怀疑的深坑里，虽然感到绝望，但我们对真理追求的热情，依旧不停地存在。不要放弃自己，而去依赖别人，纵使别人能解除你对真理的焦虑。不要因诱惑而导入一个不属于你自己的真理。"

其实恐惧之所以能打败我们，使我们畏缩不前，甚至害怕，那是因为我们的心智受到了恐惧的左右。如果我们拥有坚定的信念，能够无视恐惧的话，信念就会产生出一种隐藏在我们心里而未发挥的力量，使我们不再恐惧并做出一些前所未有的事来。

只要你自己不被恐惧的心理打败，就没有任何人或任何事物可以击败你，生活中，我们不应该把自己局限在狭窄的范围内，应该发现真正的自我。还要知道，我们每个人都有创造的潜能，只要我们在遇到困难或者危险时能冷静而正确地思考，就能产生有效的行动，最终创造出让我们吃惊的奇迹。

所以，尽管生活中难免会遇到不如意的事，但只要你善于把握自己，并明白以下几点，就可以战胜困难：

1. 不要把忧虑和恐惧隐藏在心中，当你感觉到有忧虑与恐惧时，要勇敢地解决这些问题。许多人感到忧虑与不安时，总是深藏在心底，不肯坦率地说出来。其实，这种做法是很愚蠢的。内心有忧虑烦恼，应该尽量坦率地讲出来，这不但可以给自己在心理上找到一条出路，而且有助于恢复头脑的理智，把不必要的忧虑除去，同时找出消除忧虑、抵抗恐惧的方法。

2. 不要害怕困难，要勇敢地挑战那些"不可能完成"的事，要在你的心里种下一颗勇敢的种子。要明白，我们之所以遇到困难，是因为我们正在接受成功的考验，只有不怕困难的人，才可以战胜忧虑和恐惧，获取最终的成功。

第五章
开发自身的潜力

　　每个人的一生都不可能是风平浪静、一路平坦的，会遇到许多的坎坷和困难，若不去正视与克服这些关隘，就会彻底地堵塞通往成功的大路，而克服这些困难就需要我们具备这种知难而进的精神，这便是我们通向成功的必经之路，也同样能够成为我们通向成功的捷径。

◆ 成功就是不断开发自己的潜能

我们需要不断地点燃内心的明灯，只有我们内心的灯亮了，我们才能充分地认识自己，才能沿着我们的目标前进，才能不断地激发潜伏在我们内心深处的潜力。无论在何种情形下，我们都要不惜一切代价地激发自身潜能，让自己走上成功之路。我们要竭尽全力亲近那些了解自己、信任自己和鼓励自己的人，他们对我们日后的成功，具有不可忽视的巨大作用。我们更应该与那些努力要在世人面前有所表现的人接近，因为他们有着高雅的志趣和远大的抱负。我们接近那些坚持奋斗的人，他们会使我们在无意中受到感染，从而形成奋发向上的精神。当我们做得不够完美的时候，我们周围那些不断向上的朋友，就会鼓励我们更加努力，更加艰苦奋斗。看看我们自己吧！我们不是生活的弱者，我们同样是生活中的强者，我们都可努力做一个真实的自我，而且我们绝大多数人都有可能做得比现实中的自己更伟大。

我们要获得成功，需要准备的第一件事便是要排除一切限制、阻碍我们的东西进入我们的体内，我们要主动寻找那些使我们能够自由、和谐发展自己的境界。在这样的境界中，你就需要找到你的压迫者，找到你问题的根源。

春天的伐木活动中，大量的原木会顺流而下。有时原木交错形成堵塞，这时工人们就会找到那根引发堵塞的原木（"根源"），弄直它，随后原木再次顺利地随水而下。

或许你问题的根源是怨恨，怨恨会阻碍你实现目标。怨恨多，诱发怨恨的因素更多，脑中一旦形成怨恨的习惯，行为只会成为一种习惯性抒发怨恨的媒介。因为怨恨，我们会错过守候我们的黄金机遇。

几年前，街上有很多苹果商贩，他们需要早起抢占街上的有利位置。有几次在派克大街上我看到了同一个人，他有着世界上最痛苦的神情。有人过来他便会吆喝："卖苹果，卖苹果"，但购买者寥寥无几。

我拿起一个苹果说："如果你还是那张苦瓜脸，那苹果永远卖不出去。"他回答道："那个家伙抢了我的地方。"

我说："地方不要紧，要紧的是你的神情。"

他若有所思地说："我明白了"。

我开心地转身离去。

第二天再见到他时，他脸上挂着灿烂的笑容，而且生意也异常火爆。

所以，找你的问题的根源（可能不止一个），那么你成功、幸福和富足的"原木"就会奔腾而来。

"去工作吧，即使没有稻草，你们仍能制造出砖块，并让这个神话流传。"

我们的思想一旦闭塞，雄心一旦消沉，我们的志向就会因此被吞没，我们的希望就会因此化成泡影，我们前进的动力就会因此无影无踪。任何一个人无论在什么情况下，都要尽情地释放自己内心深处强烈而伟大的激情，唯有释放并且运用自己的激情，我们才能挖掘自己的潜力，才能因此达到成功。

我们生活中的许多人受了限制却又不能摆脱束缚，我们所从事的工作与所谓的大事相比，其实我们还只是在做一些低劣的工作。因此我们可以看出，阻碍我们事业成功的两点：一是没有做好第一手准备；二是不能摆脱束缚。

想一想，我们就会明白，在我们的生活环境中，那些胸怀成大事立大业的人到处都有，但有的人成功了，有的人却失败了，这是为什么呢？成功者主要是他们有着远大的理想、广阔的胸怀、丰富的经验、闪光的智慧，正是因为他们有了这些成功的素质，才使他们克服种种困难而走向了成功。这些素质他们又是怎么得到的呢？到底又是什么力量在支撑着他们努力奋进呢？答案是他们内心有了志在成功的力量。

我们要做一个永远走在前面的人，只有这样，我们才能认识到自我实现意欲浓烈的人更容易超越自我。只有这样，我们才能认识到唯有奋斗，才能成功。因为我们努力了、奋斗了，我们才有了自由发展的空间，才有了坚强的自信，才能够摆脱各种各样的限制，为实现自己的理想找到捷径。

爱默生说："我最需要的是有人让我做我力所能及的事情，而这正是表现我自身才能的最佳途径。只要尽我最大的努力，发挥我的才能，那些拿破仑、林肯未必能做的事情，我就能够做到。"这就是说，只要我们能够认识自我，我们就能把存在我们内心深处的潜在能量激发出来，并能动员起生命中最优良的素质，去实现自己的宏伟理想。

一个人到底有多大的潜能呢？美国心理学家威廉认为：一个普通人只运用了其能力的10%，还有90%的潜能可以挖掘。60年代，美国学者米德则指出人只使用了自身能力的6%。前苏联学者伊凡认为："如果我们迫使头脑开足一半马力，我们就会毫不费力地学会40种语言，把苏联百科全书从头到尾背下来，完成几十个大学的必修课程。"

这就是说，我们大多数人体内酣睡的潜能一旦被激发，我们就能做出惊人壮举。当一个人激发了自己的潜在才能，找到了真正所谓的内心倾向，就使他本人的效率达到最大化。我们要注意我们自身潜能的激活，只有重视这一点，我们才能把自己的能力应用在各个工作环节上，从而实现价值最大化。也就是说，只有我们把自己的才能按照适用、能胜任和最有效率的原则分配在各个工作之中，我们才能体现出自己的创造能力。

潜能正是由于受到了外界的刺激，才使我们能敏锐地感应到周围的变化，才使自己的能量释放出来。一个人的才能一般源于天赋，而天赋又不会轻意地改变。但是，多数人深藏潜伏的志气和才干须借外界事物予以发挥。激发的志气如果能不断加以关注和培养，就会发扬光大，否则就会萎缩消失。因此，如果不能把人的天赋与才能激发，保持以至发扬光大，那么其潜能就会逐渐退化，最后失去它的力量。如果潜能一旦被唤醒，仍需要不断地教育和鼓励，诚如有音乐、艺术天赋的人必须注意培养和坚持一样。否则，潜能和才能，会像鲜花一样，容易枯萎或凋零。

假使我们有潜能而不想去实现它，那么我们的潜能将不能保持一种锐利而坚定的状态，我们的天赋也将变得迟钝而失去能力。所以在这里我不妨把爱默生曾经说过的一句话告诉大家，这句话就是："我最需要的，是一种能够使我尽我所能的人。"

◆ 你的潜能是无穷的

宇宙赋予我们自己的能量是无穷的，所以我们必须充分发挥自身的潜能。纵观历史上那些成功者的踪迹，那些有所创造，有所贡献的人，无不是充分发挥了自己的潜能，从而创造出了完美的人生结局。

最后的结局是要靠自己创造的，而在创造自己人生结局的时候就要充分发挥自身的潜能。一个人要实现自己的价值，可怕的不是环境和条件不够好，也不是别人的嘲笑与看不起，而是自己不懂得如何运用自己的潜能，更可怕的是没有一颗坚强勇敢的心，从而错失成就完美人生的机会。

人生的道路要靠自己去走去闯，而在走自己的路的时候需要我们具备刻苦的精神和坚强的毅力，而这些都是充分发挥自身潜能的表现。勤奋就是天才，有志者事竟成，但在我们的现实生活中，许多人却不肯这样做。于是，这些人往往浪费了很多大好的光阴，其结果却是一事无成。

发挥自身的潜能，还包括要对自己有信心，要相信自己有实力去做好任何一件事情。什么事情刚开始都是有一定难度的，我们需要耐心去等待，坚持到底就是胜利。如果一个人能保持一个好的心态再加上敢于付出的心理准备和坚持不懈的精神，相信在这个世界上是没有什么困难不能被人们克服的。

　　说到这，不得不提的就是19世纪最伟大的艺术家之一凡·高，相信在那个年代没有人敢用那么浓烈的色彩来灼伤世人的眼球，而凡·高却如一个迷失在森林的孩子一般，穿梭于此，乐此不疲。在他笔下，那些安静的一切似乎都脱离了现实世界，而奔向了一个永远自我的梦幻境地。虽然他的画不被当时的人们认可，但他却懂得坚持不懈。他的画都是充满了血性与灵魂的，透着无法抑制的忧伤与希望。最后凡·高在割掉自己耳朵的刹那，在举枪自杀的刹那，虽然他的身体变残缺了，但他的这些行为却让自己的人生更完美了。他用残缺的生命，为自己的人生画上了一个完美的句号。

　　我们人类都是有能量的，宇宙赋予了我们无穷的潜能，所以我们完全有能力去主宰自己人生的结局。在主宰人生结局的道路上，我们需要充分发挥自身的潜能，付出艰辛的努力，只有这样才能为我们的人生画上一个完美的句号！

◆ 提升他人的感觉阈限

在评价他人时，每个人心里都有一个阈限。在这个范围内，较高的报价，高档的包装，高档的氛围，都可以影响对方对你的潜力评价，提高对方的向往水准。一般来说，对方的向往水准越高，成就水准也越高。成功人士对自己要有较高的要求，要用一流的表现，一流的包装去影响别人，提升对方对你的期望水准。

英国作家毛姆未成名前穷苦潦倒.可怜兮兮，很多出版的小说充斥书店，无人问津。经过思考，毛姆决定用计改变自己的处境。他在报纸上登了一则启事，上书：本人是百万富翁，喜欢文学，想找一个与毛姆小时里的女主人公一样的人为妻。

广告登出后，伦敦书店里积压的毛姆小说三天内全部脱销，毛姆也一举成名。

金利来的创始人曾宪梓大学毕业后，被分配到广东省农业科学院工作。由于家庭的原因，两年后，曾宪梓和家人一起去了泰国。但是曾宪梓发现那里根本没有他发挥自己能力的地方，于是辗转到了香港。

在香港曾宪梓的生活并没有任何起色，他们的处境依然是异常艰难。为了谋生，曾宪梓给人照看过孩子，做过民工。但艰难的处境并没有磨灭他的意志，还使他建立了坚强的信心，使他萌发了创业的决心。

经过多方面的考查曾宪梓发现香港人很喜欢打领带，而且当时香港还没有一家生产领带的工厂，曾宪梓觉得这是一个很好的机会，于是选择了生产加工领带。

一开始，曾宪梓所做出来的领带由于款式、色彩、质量比较差，所以根本没人买他的领带，就算有，相对来说他也没有利润可赚。

坚强的信心，使曾宪梓挖掘出了自身的潜力，他花了大量的钱把外国的名牌领带买回家，然后把自己生产的拿来对比，再经过琢磨外国领带的用料、裁剪、造型、花色等方面的研究。与此同时，他还做了大量的市场调查，研究领带花色品种的新潮流、新趋向。

最后，曾宪梓精心设计制作出了一批高级领带，他故意把这些领带和几条外国名牌领带混在一起，请一位专门经营领带的老板鉴定。那位老板戴上老花镜，仔细地看过后，一口咬定这些领带都是进口产品，他还肯定地说："香港的领带业我很清楚，像这样的面料考究、做工精细、款式新颖、质量上乘的领带，只有外国才能生产出来。"

领带的质量提高了，但问题又出现了，由于他给领带取了一个"金狮"的名称，所以销量一直没有提高。对于香港人来说，"狮"与"输"读音相近，领带的名叫"金狮"不就是金输吗？金输——金子都输掉了。谁还会买他的领带呢？

经过几天后的彻夜未眠，曾宪梓终于想出了一个高招——将"金狮"的英文名"Goldlion"由意译改为意译与首译相结合，即"GOLD"意译为金，"LION"音译为"利来"。"金利来"！多吉利的名字呀！天下谁人不希望"金利来"呢？

接着，曾宪梓又突发奇想，用毛笔写英文，于是他在纸上用毛笔写出"GOLDLION"的字样，再让设计人员整理、编排好，这就是现在"金利来"的英文标志。

产品好了还需要有很好的广告打名声，但是曾宪梓听说广告的费用很多，于是连连推辞，因为他不敢花大本钱去做广告，生怕做了广告收不回费用，更何况当时他也确实拿不出这么多广告费。

最终由于朋友对他做了通融，答应做完广告后再收钱，并以分期付款的方式交清。曾宪梓才下了孤注一掷的决心：做！

出乎曾宪梓的意料，广告效果出奇地好，订单雪片般飞来，他不但还清了广告费，还有了厂房、住房、汽车、工人……就这样"金利来"的名声越来越大，就连"金利来，男人的世界"这句广告语也成为世人皆知的口头禅。

坚强的信心让曾宪梓做出了大胆的偿试，让他用无比的潜力让"金利来"这个中国人在香港创造的名牌在全世界打响了！曾宪梓实现了他的愿望。

"我命由我不由天"，你就是你自己命运的舵手，而自信就是指引你航行的罗盘。

我的老师是一位很普通的老人，每当他面对一群新生时，他的第一段话总是说："人生前途的成败得失和幸福与否，关键在于是否树立了坚强的自信心。只要树立了坚强的自信心，人生将会是幸福的，明天的阳光也会是美丽的。"

事实告诉我们，自信与人生的成败息息相关。我们想拥有成功，信心也是不可或缺少的。我们始终要相信，自己的潜能是无限的，阻碍你前进的最大敌人就是你自己。只有正视自己的不足，挖掘自身的潜在力量，才能实现你自己的价值。同时，我们要坚信没有什么事情可以达不到，怕的是你不去做，或对自己获取成功没有信心。

◆ 挖掘自身的宝藏

有些人，在智商方面可能并没有什么超常的地方，但借助"上帝之手"，他们总有某个特质是超出常人的。这种时候，只有使这些能让自己成就大事的特质得到充分的发挥，人才有可能成长并且走向成功的道路。

每个人在给自己定位或者确定方向的时候，总会受到外界这样或者那样的影响，其中包括父母长辈的期望。在这种情况之下，一个人就容易受外在事物的影响，不遵从自身特质的指引，走上一条受他人影响、甚至由别人指定的道路。对于任何人而言这都是一种悲哀。每个人遇到这种情况时，都应该坚持，坚持自己的特质。

这里有诺贝尔奖获得者杰拉德斯·图夫特的一段话，他的成长经历在杰出人士这一群体中就很具有代表性。

当杰拉德斯·图夫特还是一个8岁的小男孩时，一位老师问他："你长大之后想成为怎样的人？"他回答："我想成为一个无所不知的人，想探索自然界所有的奥秘。"图夫特的父亲是一位工程师，因此想让他也成为一名工程师，但是他没有听从。"因为我的父亲关注的事情是别人已经发明的东西，我很想有自己的发现，创作出自己的发明。我想了解这个世界运作的道理。"正是有着这样的渴求，当其他孩子正在玩耍或者在电视机前荒废时光的时候，小小的图夫特就在灯前彻夜读书了。"我对于一知半解从来不满足，我想知道事物的所有真相。"他很认真地说。

图夫特告诫我们要保持自我："最重要的是一定要决定你要走什么样的道路。你可以成为一名科学家，可以去做医生，但是一定要选择你的道路。世界上没有完全相同的两个人，这就是人类能够取得各种各样成就的原因。所以没有必要来强迫一个人去做他不感兴趣的工作。如果你对科学感兴趣，你要尽量找一些好的老师，这点非常重要。即使是这样，你也不一定就会获得诺贝尔奖，这些事情是可遇而不可求的，你不能过于注重结果，你不要期望一定能取得什么样的成就。如果你真正地投入到一个领域当中，倘若那不是你想要得到的，那么你也不能从中发现真正的乐趣。"这话深刻地揭示了保持自己的特长，让自己前行的道路能够顺应自己固有的特质延伸，对于杰出人士的成长，可谓是至关重要。

有一个鹰蛋，被上山游玩的小孩子拿回了家，家人把这个蛋放到了鸡场里和那些鸡蛋一起孵。后来，鹰蛋里的鹰和小鸡都孵出来了，小鹰和小鸡一起长大，但是鹰一直都很伤心，因为鹰的长相，一点都不像其他伙伴。因此，鹰不能和鸡伙伴们一起玩，只能独自发呆，就这样，鹰一直和鸡生活在一起。随着时间的过去，鹰对自己的生活越来越不满足，它发现，自己的内心里有一种奇特的感觉。它一直在想"我一定不只是一只鸡！"只是它一直没有采取什么行动。

有一天，鹰和鸡在鸡场外面玩，一只老鹰从天空中飞了过去，然后又飞了回来，一直飞了好几个来回。和鸡在一起的鹰感觉到自己的双翼有一股奇特的力量，感觉胸腔里的心正猛烈地跳着。它抬头看着老鹰的时候，一种想法出现在心中"养鸡场不是我呆的地方，我要飞上蓝天，栖息在山岩之上。"鹰从来没有飞过，就算是从高处往低处也没跳过，但是，鹰内心飞翔的力量和天性让鹰展开了双翅挥动起来，经过不断的努力，鹰飞了起来，鹰飞到了房顶上，然后飞到了一座小山上，最后，鹰飞到了更高的山顶上，直冲天空，在天空中飞舞时，鹰才知道自己原来这么伟大。

每个人身上都蕴藏着巨大的潜能。普通人只发挥了他蕴藏能力的1/10。与应当取得的成就相比较，我们不过是在沉睡。我们只利用了我们自身资源的很小的一部分，甚至可以说一直在荒废。我们身体里蕴藏的这些巨大潜在力量，等待着我们去发现、去认识、去开发。这种力量，一旦引爆出来，将带给你无穷的信心和能量。

我们前进在人生的道路上时，可能会一次又一次地处于逆境中。久而久之便形成了这样一种生活态度，他们认为自己的人生是艰难的，生活中所有的不顺都跟他过不去，做这样或那样的努力都是毫无用处的，他不可能成为赢家。自此，这个人也就会灰心丧气，认准无论自己怎么做，都不会有好结果。可是，他们没有发现，他们身上那种可以改变自身的力量被封锁了，没能发挥出一丝作用。他没有分辨出这种力量，甚至并不知道这种力量的存在。

马丁·科尔是一个著名的励志大师，他讲过一个《点金石》故事，这个故事讲的是：

亚历山大图书馆被烧之后，只有一本书保存了下来，还不是一本很有价值的书。这本书让人丢了出来，巧的是，一个卖书的小商人拾到了，他把这本书看了看，觉得是一本无聊的书，于是丢进了装书的袋子里。

一天，一个想发财的年轻人到了书摊那里看到了那本别人丢弃的书，于是年轻人用几个铜板买下了这本书。在书里并没有什么有趣的内容，只有一幅图和一张羊皮纸，在羊皮纸上写着一个古老的传说，说有一块小小的点金石，是上帝手里的玩具，一天不注意掉到了大地上，这个点金石能将任何一种普通金属变成纯金。羊皮纸上的文字解释说，点金石就在黑海的海滩上，它和成千上万的小石子混在一起。真正的点金石摸上去很温暖，而普通的石子摸上去是冰凉的。

后来，年轻人把所有的财产都卖了，然后出发去找那一颗点金石，经过艰苦的努力，年轻人到了海滩上，他在那里扎起了帐篷，从此，开始了他捡石子的工作。

年轻人把那些摸上去冰凉的石头每捡一块就往海水里丢去，他知道如果不丢到海水里，他很容易捡到相同的石子，这样他所付出的努力将会更多。一天过去了，年轻人没有捡到那个点金石，但他没有放弃。一个月，一年，二年，十年过去了，年轻人还没有捡到，他依然没有放弃，他相信点金石一定还在海滩上。

有一天，他捡到了一块石子，这块石子是温暖的，可是年轻人随手就把石子丢进了海水里，因为他已经习惯了丢石子的动作，导致他真正想要的那一块石头到来时，他还是将其扔进了海里。

故事虽小，却告诉我们一个道理，有很多次我们已经触摸到了自身所蕴藏的巨大力量，但是我们往往不注意，使它从我们手中悄悄地流失掉。

是啊！有多少次，这种力量从我们的身边走过，可是我们没有注意到它，没有认识到它给我们带来的种种好处。

任何人，如果能打开心智的眼睛，看到存在于你身上的巨大力量，你就会看到身边无数的财富正在围绕着你打转。你自己心里也有一座金山，只是需要你努力去把这座金山挖出来，掌握在自己的手中。

如果能够唤醒这种潜在的巨大力量，就会出现许多奇迹。世界上有无数平凡的人，但在这些人的体内同样有着巨大的潜能，只要能够激发他们体内的一小部分潜能，就可以成就他们伟大、神奇的事业。

生活当中，有许许多多的人都在抱怨他们命不好，没有好的运气，所以不能发财，最后他们厌倦生活，产生了消极的心态。可是这些人都没有意识到，在他们身上都有一种力量，这种力量能够使他们得到新生，得到成功。

◆ 善用你的潜能

有一个农民，他在农地里工作了20年，可是他认为，他还能创造出奇迹，40多年过去了，农民也70多岁了，他获得许多人的赞誉，被许多人认为是学识渊博、为民谋福利的人。这是为什么呢？因为这时的老人已经是一个著名的教育家了，已经不是过去那个目不识丁的农民了。在他中年时，他最大的愿望就是帮助乡邻们接受教育、获得知识。可是他自身并没有接受过系统的教育。为何能产生这样的宏大抱负呢？原来他偶然听了一篇关于"教育的价值"的演讲。结果，这次演讲唤醒了他潜伏着的才能，激发了他远大的志向，从而使他做出了这番造福民众的事业来。

任何一个人都具有他独特的潜能，现实当中，这种潜能的应用并不是发生在所有人身上，大部分人还没有认识到潜能对自身的帮助有多大，这些人也没想过如何去挖掘这些对自身有很大帮助的潜在力量。最终，他们只能将属于自己的这项潜能浪费了。

善用你的潜能，就是善用你更多的力量，不论是工作中的员工，还是生活中的农民，每个人都应该在各方面尽量灵活运用自己的潜能。不要看不起这种潜能，不要以为自己所拥有的只是一个不重要的能力，如果你真的这么想，你就完全错误了，你所看不起的这个不重要的能力正是你提高能力、抬高身价的起点。

不论是何种潜能，一旦你开始运用，就会如同启动开关一样，立刻在心底涌起某方面的自信。为什么呢？因为，所谓的自信大部分都是在觉得自己拥有某种特殊潜能后产生的。

一个人潜能的激发与朋友、亲人的信任、鼓励及赞扬有着很大的关系。为什么这么说呢？我们回顾现实生活当中，有许多老年人，在他们还年轻时并没有什么杰出的表现，但是老年的他们却表现出过人的才能。他们有的是由于阅读富有感染力的书籍而受到激发；有的是由于聆听了富有说服力的演讲而受感动；但大部分还是由于朋友、亲人真挚的鼓励。

人生总是匆匆而过，对于一个人来说，生命总是短暂的，为了活出一个精彩的人生，无论在何种情形下，你都要不惜一切代价，走入一种可能激发你潜能的氛围中，走上自我发达之路的环境里。你要努力接近那些了解你、信任你、鼓励你的人，因为他们给予你的鼓励、信任、赞扬对你激发潜能有着很大的帮助。对你日后的成功，具有莫大的影响。你还要多接近那些在社会上成功的人，因为他们志趣高雅、抱负远大。你接近了这些人，就会慢慢地深受他们的感染养成奋发向上的精神。

现在社会招聘的广告越来越多了，表明社会对人才越来越重视了，同时，现代人不再是坐待"伯乐"的谦谦君子，"毛遂自荐"不再受到世人非议。为了使自己的才智和潜能得到最佳的发挥，人们往往需要自我推荐。招标的答辩、招聘的面试、求职的自荐，都需要恰当的言辞、充分地展现自我而求得认同。

一位风华正茂的大学生张某去面见一位企业家，试图通过面谈，向这位总经理推销自己——到该企业任职。由于这位经理见多识广，根本没把这个乳臭未干的小伙子放在眼里。没搭上几句话，总经理便以不容商量的口吻说："我们这里没有适合你做的工作。"这位机灵的小伙子若无其事地说："总经理的意思是，贵公司人才济济，已完全可以使公司得以成功，外人纵有天大本事，似乎也无需加以聘用；再说像我这种涉世不深的大学毕业生能否有成就还是个未知数，与其冒险使用，不如拒之千里之外，是吗？"

他说到这里突然故意中断，用微笑直视总经理。沉默了一会，总经理终于开口说："你能将你的经历、想法和计划告诉我吗？"小伙子又将了他一军："噢！抱歉，抱歉，刚才我太冒昧了，请多包涵。不过，像我这样的人还值得谈吗？"说完，小伙子又沉默了。

总经理反而急切而坦诚地说，"请不要客气。"

于是，小伙子将自己的经历、学历及对该企业的看法作了较系统的阐述。总经理听后，很快改变了态度。当即对这位大学生说："你讲得很不错，我决定聘用你了，明天就来公司报到。你的言谈显示了你的潜力，在我这里是会有用武之地的。"

许多应征求职的青年，见了经理就滔滔不绝地诉说自己的学历、经历，或有些什么才能等等。然而，十个应征者中会有九个同样说这些话，经理对哪一位也不会给予特别的注意。

陈君看到了一段广告，得知一家公司需要有特殊才能和经验的人，于是就去应试。

他在去应试之前，先搜集了这位经理的有关资料。见了经理他就说："我很愿意在这里工作，我觉得能为你做事，是我最大的光荣，因为你是一位发展大事业成功的人物，我知道你18年前创办公司的时候，只有一张桌子，一位职员和一部电话机。你经过坚毅筹划，努力奋斗，才能有今日这样大的事业，你这种精神令我钦佩，值得后生效仿。"

所有成功的人，差不多都乐于回忆当年奋斗的经过，尤其愿意向年轻人讲述某个成功的活动。这位经理亦不会例外。所有到经理处应试的人，大都是毛遂自荐自己的能力，但陈君一下就抓住经理的心理。因此经理先生就很高兴地讲述他最初创业时，仅有15000元的资本，这种小本经营，处处受到别人讥笑。但他毫不气馁，艰苦奋斗，星期日亦照常工作，每天工作12小时到16小时之久，经过了长期奋斗才有今日成就。经理不断地谈论自己的成功小史，陈君始终在旁边洗耳恭听，且以点头来表示钦佩。最后经理对陈君很简单地问了一些经历，于是对旁边的副经理说："这就是我们所需要的人了。"陈君后来留在经理的身边，成了他得力的助手。

每一个人的自身都有相当大的潜能。爱迪生曾经说过："如果我们做出所有我们能做的事情，我们毫无疑问地会使自己大吃一惊。"因此，我们没有理由压抑自己本身的潜能。

无论遇到什么样的困难或危机，只要你认为你行，你就能处理和解决这些困难或危机。对你的能力抱着肯定的想法就能发挥出积极心智的力量，并且因此产生有效的行动，直至引导你走向成功。

我们每个人的体内都潜压着巨大的才能，但这种潜能酣睡着，一旦被激发，便能做出惊人的事业来。因此，我们必须重视它，并动手挖掘它。

◆ 自我超越，打开沉睡心中的潜能

一个铁匠，他有一个儿子，从小就非常聪明，而且很爱学习，铁匠为此很欣慰也很高兴。

一天，他做生意的老朋友来家里做客，饭间说起了儿子的事。这个老朋友问铁匠："你儿子也长大了，他现在还和你学打铁吗？"

"嗯，他很听话，而且学什么都快，我的手艺已经让他学得差不多了。"铁匠说。

"老朋友，你知道吗？你儿子现在就像一粒埋藏在土里的金子一样，完全不能发出他应有的光芒，即使跟你学一生，他也不能出人头地。你应该让他出去看看外面的世界，让他走一条全新的路。"

"不，我的儿子我知道，我从小看着他长大，如果让他和你一样去做生意，我敢说，他一辈子都学不到什么，如果让他和我一样打铁，虽然不能出人头地，但是养家糊口应该没有问题。"铁匠接着说道。

铁匠和老朋友的谈话，被儿子无意间听到了。他很伤心，总是在心里问自己"为什么我就不行呢？"同时，他感受到了心中奔涌着的那股反抗力量。这种力量好像潜伏已久，因一直酣睡而变得不可抑制。这种不安于平淡的潜能终于从他的体内迸发出来，他相信自己一定能成功，于是拿着一些路费到了城市里，从此走上了艰苦创业的道路。他和许多成功的穷人一样，他用自己的潜能和努力奋斗做出了惊人的事业。每个人都像一粒深埋土里的金子，在土里发光只有自己看得到。当你把它挖掘出来时，它的光比在土里更加灿烂。如果你不去把它挖掘出来，那么金子永远也不会发光。我们每个人心中的潜能也一样，只有你去慢慢地挖掘培养，才能发出应有的光芒。

谁都不知道自己拥有多大的潜能，许多科学家认为，人类的大脑只展现出其中一小部分的潜能，而大部分都还处于沉睡的状态。虽然这些沉睡的潜能我们无法将其唤醒，但是我们可以将自身已经醒来的潜力完全发挥出来。

在一个很贫穷的小镇上，有一个老印第安人。他已经50多岁了，可是命运让他成为了一个百万富翁。老人拥有一块很宽的私有土地。在这块土地上，每年都有一段时间会往上渗出一些黑色的像水一样的东西，老人很早的时候就发现了。可是他不知道那些黑色的东西是做什么用的。

后来，一些探测石油的工人找到了这里，发现这块地下面隐藏着巨大的石油储量。从此，这个老人穷困潦倒的日子过去了，他也成为了一个百万富翁。老人年轻的时候就梦想着自己发财，等发财以后，要买一些什么。现在发财了，他做的第一件事，就是给自己在小镇的边上修了一栋别墅，然后给自己买了一辆轿车。他每一天都把自己装扮得像一个牛仔似的，还要叼上一支又粗又长的雪茄烟，然后驾着轿车到镇上转一圈。在镇上，老人是一位很友好的人，他遇到谁都要打招呼，碰到熟悉的人时，他总要把那人拉到车上一起聊天。

小镇上的人很多，可是老人的车子从来没有出过一次事故，哪怕是撞到一点儿东西都没有。为什么呢？原因很简单：老人在他车子前面拴了三匹马，他的车子是用那三匹马拉着跑的。老人买的车，发动机和其他方面都非常正常，只是老人没有把钥匙插进去启动点火。所以他把那个有100匹马力的发动机永远地埋藏了起来，留下来的是外面三匹马不到10马力的能量。

这样的错误不只是那位老人才会犯，许多有学问、年轻的人也一样犯，他们只看到了现在所展现出来的力量，却没有看出身上还隐藏着的巨大能量。

有一个靠山而建的镇子，那里有一个很长、很深、很宽的洞，里面有各种各样的石钟彩，从洞里每天都流出大量的淡水，这些淡水含有丰富的矿物质。可是镇上有一个古老的传说，在那个洞里有许多妖魔鬼怪，里面流出来的水不能喝，于是他们都跑到镇外很远的地方去挑水。就这样过去了很多年，那个小镇一点都没有改变，山洞也一样没有改变。一个从城市里回来的年轻人做了一个试验，他鼓起勇气把洞里流出来的水喝了下去，一喝就是一年多，年轻人喝了洞里流出来的水，并没有发生什么病痛，而且身体一直都很好，甚至感冒都没有过。年轻人的试验让小镇上的人都改变了那个古老的传说，他们从此不用跑很远去挑水喝了。这时，年轻人又制定了一个计划，他想把那个山洞开发出来，让很多人去参观。经过年轻人的不断努力，山洞内安装了大量的电灯，洞内的小路也全都修建好了。几年后，那个小镇成了一个著名的旅游圣地。从此，小镇上的人都富裕了起来，也过上了幸福的生活，那个年轻人也成为了一个有名的富翁。

自我超越，打开沉睡心中的潜能，每个人都隐藏着很多充沛而未开发的潜能。当你把这些潜能挖掘出来时，你自己的力量也就强了起来。

　　每个人的聪明才智都是一种潜能，这个潜能需要在一定的环境中去激发和挖掘。如果没有创造展示聪明的机会，所有聪明的潜能都会和深埋的金子一样，永远散发不出耀眼的光芒。

第六章
发挥决定成功的力量

　　每攻克一个困难，每获得一次成功，你就会对自己的力量更自信，就会拥有更强的能力。力量源于心态。如果具备成功的心态和坚定的目标，那么你就能从无形的精神世界中汲取力量。

◆ 先做成功者，然后成功

　　成功需要多种能力、品质和资源，不过，首要的一条是，我必须先做一个成功者，然后才会不断地走向成功。

　　我们知道，在企业界有很多的成功者，他们在开始创业的时候都非常的辛苦，但是，当他们达到一定的成功时，他们发展的步伐就非常轻松。

　　哈维同样是一个孜孜以求的人。他在发表《血液循环论》之前，花了八年多的时间进行调查、研究。他反复验证实验，直到万无一失，才将他的观点公诸于众。他出版了一本普通的小册子，内容详尽确凿，观点掷地有声。尽管如此，批评、谩骂之声还是如潮水般涌来，如他所料。有人嘲讽他是个疯子，他不予理会，接着，人们变本加厉地攻击、侮辱他。人们指责他冒犯权威，玷污《圣经》，颠覆道德和宗教。他的学生、朋友一一离他而去，只剩下他一人独力奋战。这样的情形持续了好几年，哈维的坚持终于引起一些开明人士的反思，并且逐渐生根发芽。25年后，哈维的理论终于被公认为科学真理。

　　琴纳医生在创立种牛痘预防天花的理论时，遇到的阻力之大，与哈维比起来，有过之而无不及。在他之前，已有很多人亲眼看到过牛痘。有关格洛斯特郡挤奶女工中只要长了牛痘就不长天花的传言，也盛行一时。但很多人都认为这是传言，没有研究的价值，直到琴纳得知此事。当时琴纳还很年轻，正在索德贝利学习。有一次，一位乡下姑娘到琴纳老师的药铺里治病，谈话间说到了天花，引起琴纳的注意。姑娘说："我不会犯那种病，因为我长过牛痘。"这话引起琴纳的极大兴趣，他开始研究这个问题。他把种牛痘的想法讲给同行听，结果遭到嘲笑，人们威胁他说如果他再说这类荒唐的话，就把他驱赶出协会。

幸好在伦敦他跟约翰·亨特学习，并告诉他自己的想法。解剖学家的建议很独特："光想没用，要动手去干！要有耐心，不能草率。"琴纳受到极大的鼓舞，开始认真调查研究。然后，他又回到乡下了，一边行医，一边进行观察和试验。一晃20年过去了，他始终坚持研究，毫不动摇。他给自己的儿子先后种了三次牛痘。最后，他在一本四开本近七十页的册子中详细阐明了自己的观点，举出23个接种牛痘成功的例子。这已是1798年，尽管他从1775年开始研究，并早就有了基本认识。

但是人们是如何接受这个发现的呢？首先是无人理会，然后是攻击。琴纳来到伦敦，向同行们展示接种牛痘的过程及其结果，但没有一个医生愿意偿试。徒劳地等了三个月，仍无人来试，他只好又回到自己的村子。人们指责他企图从奶牛乳头上弄来有毒物质注入人的身体。教士们称之为"魔鬼手段"，据说种了牛痘的小孩会长出一张牛头一样的脸，还会长出牛角，发出奶牛的叫声。尽管种牛痘遭到了人们前所未有的讥讽和反对，但偏见还是一点点消失了，相信的人渐渐多起来。医学界的同行纷纷前来取经，甚至还有人想跟琴纳争夺发明专利，夺走他的功绩。琴纳的事业终于成功了，讥讽和嘲笑变成了赞颂和吹捧，最终他得到了应有的荣誉和奖励。此时，他跟他默默无闻的时候一样谦虚、淡定。有人邀请琴纳到伦敦定居，许诺给予优厚的薪酬。对此，他回答："不，前半生我在满是羊肠小径的山谷里孤独穿行，后半生我不想盘踞荣誉和财富的峰顶。"在琴纳的有生之年，牛痘接种已经盛行整个文明世界；琴纳死后，他的功德泽被后世。居维叶曾说："如果说牛痘是这个时代的唯一发明的话，那么这个时代因此而大放光彩。但这一发明曾经连续20次遭到研究院拒绝。"

詹姆斯·夏普勒斯本来是多么卑微的一个人啊！但是他却成了英国最著名的"铁匠画家"！他非常穷，但是他坚持每天早上3点就起床，临摹他能够找到的一切材料。在工作之余，为了买一先令的涂料，他宁可步行18英里到曼彻斯特。在铁匠铺里，他自愿做最重的活，因为这样他就可以在铁匠铺多呆一会儿，就可以在休息时借着火光看书。在时间方面，他是个十足的吝啬鬼，总是特别珍惜每一分钟。在那5年里，他全身心地投入到了那幅巨作中——锻炼——他的成就令人称赞，现在很多人家中都有这幅画的临摹之作。

当伽利略的父母把他送进医学院后，他怎么能够在物理和天文方面取得那么大的成就？当整个威尼斯都已经睡着了的时候，伽利略站在圣马克大教堂的塔顶，他用自己制作的望远镜发现了木星的卫星以及金星的变相。宗教裁判所让他当众下跪，要他放弃自己的异教邪说：地球绕着太阳转，但是这位70岁的虚弱老头决不低头，并且还咕哝着："它本来就是这样运行的。"后来，他被投入了监狱，但是他仍然保持着对科学探索的热情，在狭小的牢房里，他用一根稻草证明了：一根空心的管要比一根同样大小的实心棒更结实。甚至在双目失明的情况下，他仍然坚持工作、学习，可以想象，当英国皇家学会看了那个赫歇尔的报告时是多么惊奇，他是个一无所有的人，但是却发现了天王星，以及土星的光环和卫星。他是个上不起学的人，只是靠吹双簧管维持生计，但是他却用自己的双手制作了一架望远镜，并且用这架望远镜发现了很多震惊世界的天文现象，这连当时具有优良装备的天文学家都未做到。

乔治·史蒂芬森的父母共生了8个孩子，但是由于家里很穷，所有的人都住在一间小屋里（史蒂芬森，英国铁路的先驱，制造了第一辆实用蒸汽机车，并修建了第一条客运铁路）。乔治替邻居放牛，但是他一有时间便用粘土做机械模型。17岁时，他便开机车了，他父亲是锅炉工。乔治不识字，但是机车就是他最好的老师，当其他技工在玩乐或者在酒店里混日子的时候，乔治将他的机器拆开、认真清洗、进行研究，他做了很多有关机车的实验，终于改进了机车，成了一个伟大的发明家，而那些只知喝酒玩乐的人却在一旁说："他只是幸运罢了。"

夏洛特·库什曼既没有漂亮的脸蛋，也没有迷人的身材，但是她从小就立志做一位像罗莎琳德和奎恩·凯瑟琳那样优秀的演员。有一次，正式演员不能上台表演了，由于夏洛特·库什曼是她的替角，于是她便得到了登台的机会。那天晚上，她的表演太成功了，她抓住了所有观众的心，以至于让他们都忘记了台上的是个新手。尽管她没钱也没朋友，而且不为人知，但是，当幕布在伦敦落下的时候，她一下子就出名了。多年以后，当医生告诉夏洛特·库什曼她已经患上了一种可怕的绝症时，她平静地说道："我已经习惯和困难打交道了。"

在南方，有一个生活在小木屋中的黑人妇女，她有3个孩子，但非常穷困，这3个孩子只有一条裤子。黑人妇女非常希望这3个孩子都能受到良好的教育，所以她就让他们轮天上学。一个从北方来的老师发现，这3个孩子中每天只有一个来上学，而且他们穿的都是同样的裤子。黑人妇女尽其所能地教她的孩子，后来一个做了南部某大学的教授，另一个做了医生，还有一个做了牧师。对于那些以"没有上学机会"为借口的孩子来说，这是多么好的一个榜样啊！

萨姆·库纳德（一个格拉斯哥少年）用他的智慧和折叠刀发明了不少令人惊奇的东西，但是，他的发明并没有给他带来什么荣誉和金钱。直到有一天，伯恩斯和迈伊弗尔突然找到了库纳德，他们希望用他的发明改进运送国外邮件的船只设备。库纳德做的一个汽船模型帮上了大忙，库纳德航线上的第一艘船就是根据这个模型设计的，以后，这个船模便成了伯恩斯和迈伊弗尔制造船只的标准。

科尔内留斯·范德比尔特（1794—1877，美国运输促进者和投资者，从铁路运输和航运中积累了大量资金）在学校里只简单地学过新约全书和拼字课本，但是，他自己也学了一点读、写、算的东西。他非常希望买一只小船，但是没有钱。为了打消范德比尔特出海冒险的念头，他母亲告诉他："如果你能在这个月27号之前将这块地耕好并种上玉米，那么我就给你买船。"那块地有10英亩之大，是父亲农场里最难耕种的一块，他母亲原以为他根本不可能完成这个任务，但是，范德比尔特竟然在期限内干完了，而且干得非常棒。在17岁生日那天，他终于得到了梦寐以求的船，但是在他驾船回家的途中，小船撞到一艘沉船后搁浅了。

但是科尔内留斯·范德比尔特并不是一个轻易言败者。他拼命工作，在3年里存了30美元。他经常通宵达旦地工作，很快就成了一个大船主。在1812年战争时期，他和政府签订合同，负责向军站运送军用物资。他在晚上运送军用物资，白天做他在纽约与布鲁克林间的渡船生意。

科尔内留斯·范德比尔特把白天赚到的钱都给了他的父母，他在35岁的时候就挣到了3万美金，在他去世以后，他将一笔巨大的财产留给了他的13个孩子。

艾尔顿也是个没有机会上学的孩子，他没有钱交学费，甚至没有钱买书，但是，他有非凡的勇气和决心，他要为自己开辟一条道路。每天早上4点，洛德·艾尔顿就起床了，他把他借来的法律书籍都抄了一遍。他非常好学，有的时候一直学到自己的脑袋瓜"罢工"为止，这个时候，他就将一条湿毛巾放在脑门儿上，等清醒后继续学习。

当艾尔顿开始步入法律界时，曾有一位法律顾问对他说："年轻人，你的前程不可估量。"这位没有上过学的孩子成了英格兰的上议院大法官，并且成了那个年代最伟大的律师。

斯蒂芬·杰拉德（1750—1831，法国裔美国财政专家和慈善家，他建立了美国银行并为1812年的战争筹集资金）是个没有上学机会的孩子。他在10岁的时候就离开了他的祖国——法国，来到美国，做了一名船上侍者。他雄心勃勃，为了成功不惜一切代价。尽管如此，开始的几年是非常困难的，不过他还是挺过来了。希腊神话中有一位迈达斯神，通晓点石成金之术，他似乎学到了迈达斯神的本领，后来成了费城最富有的商人。我们并不赞同他那种对金钱的狂热态度，但是他在工作中非常努力，他为国家和社会做出了不可磨灭的贡献，他冒着生命危险拯救那些受黄热病折磨的同胞，他的这些优良品质都值得我们敬佩、值得我们学习。

从上述成功人士的身上我们可以看出，成功有倍增效应，我们越成功，就会越自信，越自信就会使我们越容易成功，从这种角度来说，成功是成功之母。

◆ 做自己忠实的信徒

人生在世，总有马失前蹄的时候，关键是要尽快振作起来！我在2008年就犯了一个巨大的错误，但我的心态是：不管决定如何，我都要保持一定的弹性，边看效果边汲取经验，以便在未来做出更好的决定。因为我深深地知道，我自己也有做错决定的时候，我从不认为自己的决定就能滴水不漏，也不觉得在未来我就不会犯错。在这样的动力之下，我要记住的就是：成功来自良好的判断，良好的判断源于过往的经验，而经验往往来源于错误的判断。那些人生经验，当下是错误的、痛苦的，却是最宝贵的人生财富。成功时容易骄傲自满，失败时就会戒骄戒躁，从而做出更好的决定，这是人之常情。我们必须要从错误的决定中虚心学习，而不是自暴自弃，否则日后还是会重蹈覆辙。

米勒教授和另外两名地质专家组成的考察团，准备进溶洞考察。溶洞在当地人们的眼里是一个"迷洞"，曾经有胆大的人进去过，但都是一去不复返。

随身携带的计时器显示着，他们在漆黑的溶洞里走过了14个小时，这时一个有半个足球场大小的水晶岩洞呈现在他们的面前。他们兴奋地奔了过去，尽情欣赏、抚摸着那些迷人的水晶。待激动的心情平静下来之后，其中那个负责画路标的专家忽然惊叫道："刚才我忘记刻箭头了！"他们再仔细看时，四周竟有上百个大小各异的洞口。那些洞口就像迷宫一样，洞洞相连，他们转了很久，始终没能找到退路。

米勒教授在洞口前默默地搜寻着，突然他惊喜地喊道："在这儿有一个标志！"他们决定顺着标志的方向走。米勒教授走在前面，每一次都是他先发现标志。

终于，他们的眼睛被强烈的太阳光刺疼了，这意味着他们已经走出了"魔洞"。另外两个专家竟像孩子似的，掩面哭泣起来，他们对米勒教授说："如果没有那位前人……"而老教授缓缓地从衣兜里掏出一块被磨去半截的石灰石递到他俩面前，意味深长地说："在没有退路可言的时候，我们唯有相信自己……"

是啊，其实人生不就是一次最有意义的探险吗？也许当我们为追寻一个目标，而艰苦跋涉的时候，突然间会迷失方向，陷入孤独无援的境地。生活往往就是这样奇怪，它在馈赠给我们蜜饯的同时，又悄悄地在我们面前布下了一个个"迷洞"，来考验我们的执著与勇气。

面对人生的许多"迷洞"，我们不能惊慌失措，也不能裹足不前，唯有在心头点燃一根火柴，点亮人生的希望，并义无反顾地走下去！

在我奋斗的过程中，经常有人这样问我："要怎样做才能达到你这样的成就？"我告诉他们："当你如同最虔诚的信徒信仰上帝那样信仰你自己时，就可以克服任何横阻在你面前的障碍了。"

我在40岁以前特别浮躁。经历过无数次的失败，最惨痛的一次，我的事业达到了一落千丈的窘境，甚至受到过去合作者的诬陷，一直受到警察的调查询问，当时我想我们生活的社会为什么会这么黑暗，还有没有讲理的地方，但是，最后，我终于看明白了，在我们所生活的社会中，还是公平与正义占据了上峰，虽然这样，我的事业还是受到了严重的打击。

我对自己说："没有关系，我还会卷土重来的。就算没有人支持我，我还有我自己这个忠诚的信徒，我会永远保持对我自己的信赖。"

就这样，经过三年的努力奋斗，我成功地实现了我曾说过的话。现在，我仍然相信我自己，这也是我这一生中最重要的信念之一。

从我的发展历程来看，虽然我认为个人的亲身经历固然重要，但若能找到榜样加以学习借鉴，其作用也是难以估量的。榜样能帮你指出人生河流中的湍流，为你提供从容前行的地图。这个可以是财务方面的、人际关系方面的、健康方面的、工作方面的等等。只要你有心想去学，就能少走很多冤枉路，避开危险。

在这个世界上，总有一些人认为自己生来就不能跟别人相提并论。他们不相信别人所有的幸福会为自己所有，他们甚至认为自己不配拥有。

为什么会这种想法呢？因为他们从不相信自己能够做到。信息的缺失，使他们永远没有挺直后背。

相信自己很重要，因为它可以创造出被人称为"奇迹"的东西。

在我创办企业的过程中，我一直对自己有足够的自信，我一直非常推崇这一点。前年，在《我们为什么还没有成功》一书中，我曾经说过，乔治·赫伯特成功地把一把斧子卖给了小布什。为此，布鲁金斯学会把一个刻有"最伟大的推销员"的金靴子奖给了他。

从某种角度来看，这个奖并不表明乔治的推销技巧有多么高明，而是在于奖励他那坚不可摧的信心。

当所有学员都认为不可能把斧子推销给小布什总统时，乔治并没有退缩。他是这样说的："我认为，把一把斧子推销给小布什总统是完全有可能的，因为他在德克萨斯州有一座农场，那里长着许多树。于是我给他写了一封信，我在信中这样写道：有一次，我有幸参观您的农场，发现那里长着许多矢菊树，有些已经死掉，木质已变得松软。我想，您一定需要一把小斧头。但是以您现在的体质来看，这种小斧头显然太轻，因此您仍然需要一把不甚锋利的老斧头。现在我这儿正好有一把这样的斧头，它是我祖父留给我的，很适合砍伐枯树。倘若您有兴趣的话，请按这封信所留的信箱，给予回复……就这样，他就给我汇来了15美元。"

这就是乔治成功的秘诀，他并不因为有人说这一目标不能实现而放弃，也没有因为这件事情的难以办到而失去自信。

许多时候，不是因为有些事情难以做到，我们才失去自信，而是因为我们失去了自信，有些事情才显得难以办到。

◆ 完美地表现自我

人应该满足"宇宙对他人生的设计"，这是一种最高愿望。

我的路绝不是你的路。

镇定就是力量，它能够让宇宙的力量降临在自己身上。

人喜欢那些快乐的施予者，也喜欢快乐的接受者。

风无法驱我走上歧途，也无法撼动我的目标。

每个人都处在一个别人无法代替的独特位置，在这个位置上，他做着专属于自己的事情。他完美地表现着自我——这就是他的目标！我们应当认识到想象力的创造性，然后在其出现之前做好准备。

人应该满足"宇宙对他人生的设计"，这是一种最高愿望。

可是，人还是难以认识自己，尽管他身上或许藏有巨大的天赋。

一所国际知名大学30年前曾对当时的在校学生做过一项调查，内容是个人目标的设定情况。调查数据显示，没有目标的人有27％，目标模糊的人有60％，短期目标清晰的人有10％，长期目标清晰的人只有3％。30年后哈佛大学研究了这些调查对象的情况，结果发现，第一类人几乎都生活在社会的最底层，长期在失败的阴影里挣扎；第二类人基本上都生活在社会的中下层，他们没有多大的理想和抱负，整日只知为生存而疲于奔命；第三类人大多进入了白领阶层，他们生活在社会的中上层；只有第四类人，他们为了实现既定的目标，几十年如一日、努力拼搏、积极进取、百折不挠，最终成了百万富翁、行业领袖或精英人物。30年前的目标设定情况决定了30年后的生活状况。

设定自己的目标，就是要设计自己的人生。目标，无论是生活中的小目标，还是人生中的大目标，都需要精心设计。设计会使我们的人生更加完善，而完善的人生一直都是我们所追求的。不论你是知名企业的总裁，还是普通公司的小职员；不论你是已经到了古稀之年，还是正处于花季少年，你都离不开人生设计。

人一生中会做无数次的设计，但如果最大的设计——人生设计没做好，那将是最大的失败。设计人生就是要对人生实行明确的目标管理。如果没有目标，或者目标定位不正确，你的一生必然碌碌无为，甚至是杂乱无章。做好人生设计，很重要的是必须把握两点：一是善于总结，二是善于预测。对过去进行总结和对未来进行设计并不矛盾。只有对自己的过去进行好好地回顾、梳理、反思，才能找出不足，扬长避短。而对未来进行预测，就是说要有前瞻性的观念和能力。假如缺少了前瞻性观念和能力，人将无法很好地预见自己的未来，预见事物的动态发展变化，也就不可能根据自己的预见进行科学的人生设计。一个没有预见性的人，是不可能设计好人生，走好人生的。

还有一点必须记住，那就是设计好人生的前提是自知、自查。了解自己，了解环境，这是成功的法则。知己知彼，方能百战不殆。对自己有个详细的了解与估量，才能有的放矢地进行人生设计。在知己知彼以后，需要对自己合理定位。

人不是神，有很多不足和缺陷，对自己期望过低、过高都不利于成长。但设计人生不能盲从，也不能一味地服从与遵从死理。设计目标是为了实现，而不是为了设计而设计。设计只是一种手段，不是我们要的结果。因此，我们需要变通的设计，因事因时因地的变化。设计也不是屈服，设计的主动权要掌握在我们自己的手中——我的人生我做主，用自己手中的画笔在画布上绘出美丽的图画。

一个人要有独特的负责任的人生设计，这不只是个人的事情，也是这个时代对他的要求。如果你的理性还在沉睡中，那就快醒醒吧，赶快设计好自己的人生，不要等来不及时才匆匆忙忙地应付。

完美的计划能够带来完美的快乐，因为它是健康、财富、爱和完美的自我表现的组成。人一旦许下愿望，他的人生就会发生翻天覆地的变化，因为宇宙的神圣设计与人平素的行为有着天壤之别。

有一个女人，她曾遭受巨大创伤，但她迅速调整，很快就恢复了过来，并迎来了焕然一新的完美状态。

只要你满怀兴趣，你就会像演戏一样轻松地达到完美的自我表现，而不需要耗损过多的精力，其物质源泉也将尽由你掌握。

很多天才都曾长期潦倒，但只要他展现自己的信仰，坚定地说出那句话，他就再不会缺乏物质来源。

举例说：一天刚下课，一个人便向我走来，给了我一分钱。

他说："我现在只有七分钱，现在我给你一分，因为我坚信你说的话具有无穷的力量。我乞求你送我一句话，使我拥有完美的自我表现和丰富的物质财富。"

我送了他一句话。自此以后，我们有一年都没有见面。一天，他突然找到我，满带着喜悦和成就之感。他给了我一大叠钱，并说："得到你的话后，我去了一个遥远的城市，在那里找到了一份工作。现在，我不仅身体健康、心情舒畅，而且还很有钱。"

当然，一个女人完美的自我表现，并不是非得有事业上的巨大成就，她也可以是一个完美的妻子、完美的母亲或完美的家庭主妇。

在圣哲的指引之下，你将轻易地踏上成功的道路。

人不能只在思想上描绘美丽的蓝图，而要毫不动摇地把握机遇，坚定地付诸实施。

"你的敌人就在你的家里。"凡俗的思想如臃肿的巨人，信仰则是坚硬的石头，当我们发起针对凡俗思想的战争时，我们每个人都是约瑟王，都是大卫，我们能用石头杀死巨人。

人不能埋没自己的天赋，不能做"邪恶与懒惰的奴隶"，因为人若不使用自己的才能，将会遭到严厉的惩罚。

恐惧感会阻碍人完美地表现自我，很多天才都是因为怯场而惨遭埋没。加强语言表达，再进行适当治疗，你就可以克服怯场的心理。因此，人们有必要抛弃自我意识，把自己看做是宇宙智慧的一部分。

这样，人们就会感到心中的主人在发挥作用，从而有了直接的灵感，变得无所畏惧、信心百倍。

一个男孩总是在母亲的陪同下来到我的课堂，他请我为他将要参加的考试说些什么。

我要他这样对自己说："我与万能的宇宙的智慧相随，我对这一科目的知识有足够的了解。"他的历史很棒，数学却只是差强人意。考试之后，我见到了他，他说："数学考试前，我念了你给我的'咒语'，所以考得特别好；可是，我以之为骄傲的历史，却考得出乎意料地差。"当人自信过度的时候，人就会倒退，那是因为自信过度就等于高估自己，从而失去对自己言行的理性控制。

我的另一个学生以她的亲身经历举了例子。一个夏天，她进行了一次长途旅行。她到过很多国家，对那里的语言一无所知，因此她格外小心谨慎，总是请求别人的帮助和保护，这让她的旅途非常顺利，到哪儿都能住最好的旅馆、受最好的服务。但当她回到纽约，回到了自己熟悉的环境，她便迅速松懈下来，认为自己完全有能力胜任一切事务。可是，她的生活反而变得糟糕，做什么事情都不顺利。

所以，我们应该形成每时每刻都认真对待每一件事的习惯，"用尽一切办法认识宇宙"。没有什么事情渺小如尘，也没有什么事情伟大无边。

有时，一件微不足道的小事也可能成为人生的伟大转折点。

罗伯特·富尔顿看到锅里的开水就发明了汽船。

曾经有个学生表现欠佳，对任何事情都怀有一种抵抗的情绪。他把自己的信仰限定在一个方向，完全根据自己的欲望行事，反而使事情没有进展。

智慧的先知说道："我的路绝不是你的路。"同宇宙中所有的力量一样，蒸汽或电力必须有一个发动机或其他装置才能工作，而人就是这个发动机或装置。

人们总被告诫："站着别动！""噢，犹大，不要畏惧，勇敢地反击吧！你可以不打这场仗，调整心态，稳住别动。"

你必须镇定，因为镇定就是力量，它能够让宇宙的力量降临身上，使自己的愿望得到实现、兴趣得到满足。

唯有镇定，我们才能思维清醒，抓住任何机会，迅速而正确地作出决策。

愤怒是所有疾病的根源，因为它会遮挡视线、毒化血液，还会妨碍我们作出正确的决策，导致我们的失败。

愤怒的害处如此之大，所以它是最恶毒的"罪过"。你学习之后就会知道，从形而上学的角度讲，罪过有更加宽泛的定义。"信仰不在的地方都有罪过。"

人们的恐惧和担心是颠倒了的信仰，它们通过扭曲的思维形象，肆意纵容自己所恐惧的事物，因此，它们是致命的罪恶。而人们则要把这些敌人赶出潜意识。"人无畏则无敌。"

前面我们提到，人必须直面恐惧，才能战胜恐惧。当约瑟王和他的部队同敌人交战时，他们发现，敌人竟然自动溃退了，他们根本没有再继续战斗的必要了。

这样一个女人请她的朋友给另一个朋友传话。她的朋友本不愿意，因为她的理性思维在说："别卷进这样的事情里，别去传话。"但她的精神却十分困惑，糊里糊涂地答应了人家。她决定直面困难，寻求圣哲的保佑。她找到她要传话的对象，正准备开口，对方却说："事情已经办妥了。"她自然没有再传话的必要了。由于她的主动，当她直面恐惧的时候，恐惧却自动退缩了。

我的一个很需要钱的学生问我："为什么我会没钱呢？"

我回答说："也许你有做事虎头蛇尾的习惯，这种习惯可能根植于你的潜意识中。"

她说："是呀。我总是不能坚持到最后。我必须回家，去把几星期前就开始的事情做完，这样或许将代表着我人生的转折。"

她一改以前的坏毛病，开始发愤图强。很快，她就奇异地得到了她需要的钱。

她丈夫的老板多付了他一次工资，她把这件事告诉了其他人，其他人则劝她不要讲出去。

当一个人希望得到并坚信自己能够得到时，他肯定就会得到。

有人会问我："假如一个人有多种天赋，他该如何抉择？"我明确地说："请向我展示一下完美的自我表现吧，让我看一看，你适合发展哪种天赋。"

有些人没有经过培训，就去从事某种暂时的工作。所以，要这样说，"我有宇宙为我设计的神圣计划在身"，并且要勇敢地把握机会。

很多人都乐于给予，但却不懂得如何接受。他们过于高傲的眼皮挡住了自己的视线，从而失去了本该属于自己的所得。譬如，一个女人经常施舍钱财，但却拒绝接受价值几千美元的礼物。她自以为自己很富足，并不需要施舍。但是她不幸欠下了一笔外债，而债务的金额恰好等于她拒绝接受的礼物的价值。所以，无论在何种情况下，我们都应勇于接受属于自己的礼物。我们不仅要自由地施与，还要自由地索取。

施与与索取是一对平衡的杠杆，虽然在施与时我们不必要想到索取，可拒绝接受难道不是对法则的违背吗？

施与者永远不该有贫穷的意念。

比方说，当前面提到的那个人给我一分钱时，我并没有感觉到，他贫穷，应该节约；相反，我看到他拥有源源不断的物质，不断地通向财富之路。这是一种美好的想法。如果一个人不善于接受那就必须试着学会：当有人施与他东西时，他务必欣然领取。

人们喜欢那些快乐的施与者，也喜欢快乐的接受者。

总有人问我："为何有人生下来就富裕且健康，而另有一些人却贫穷且多病呢？"

我要说，一切结果都是原因的导致，没有无缘无故的事情。

人的欲望如果没有满足，他就会不停地奋斗，并由此完成自己的任务，实现自己的目标。

那些生来就富裕且健康的人，其潜意识想的就是富裕与健康；而贫穷且多病者的潜意识中也只有贫穷与疾病。人们所实现的只不过是自己潜意识的信仰。

生与死都是人类制定的规则，因为"罪恶必致死亡"。亚当因信仰两种力量而致死。真正的人，在精神上是没有生死概念的。他从未出生，也永不死亡。"他永远都在起跑线上，现在如此，将来依然如此。"

人把宇宙对他人生的神圣设计付诸实施，便能够"完成自己的任务"，获得自由，达到对真理的认识，从而摆脱因果报应、罪恶、死亡等法则的束缚。

◆ 正 确 地 暗 示 自 己

用一种正确的方式说出自己的愿望至关重要。

财富是一个意识形态上的问题。

坚持持久的信念，是在潜意识里建立一种信心！

上帝只为那些停下来并等待它的人服务。

"当你宣扬某件事情的时候，这件事情也会反作用在你身上。"

所有人类生活中伟大而美好的事物早已存在于神奇的宇宙中，它们经过人类的思想认知，被人类的语言宣扬施行。因此我们要切记，那些漫不经心的语言、失败，甚至挫折，都是圣哲宣扬的神圣又伟大的思想表现。

正如我们前面所说的那样，用一种正确的方式说出自己的愿望至关重要。

如果一个人希望得到的东西是家庭、朋友、地位等美好的事物，那就依照这种美好的事物说出要求。

伟大的圣哲以一种完美而优雅的方式，向我们展示了一条通往家庭温馨、朋友友爱和崇高地位的道路，我将对此表达我深深的感谢。这段话的前半部分是关键。

有个我认识的妇女希望得到1000美元，后来她因女儿的受伤补偿得到了1000美元。这就是一种不太完美的实现愿望的方式。

随着人们对金钱的认识日渐深刻，他们在渴求自己应得到的大笔钱财的同时，也渴求这个得到的过程完美而优雅。

用超过自己的能力去施与，这是不现实的。因为人们的潜意识中存在着对期望值的限制。想要实现得到的过程完美而优雅，人们首先要提高内心的期望值。

期望值总是给人们有限的限制。例如，我的一个学生期望在某一天得到600美元，后来他也得到了这600美元。最后他才知道，他原本能得到1000美元，但由于他的愿望仅有600美元，所以他只能得到他所期望的600美元。

财富是一个意识形态上的问题。法国人的一个传说有力佐证了这一观点。贫穷者行走在路上时遇到一个旅行者，旅行者告诉他："亲爱的朋友，为了帮助你脱离贫困，给你这个金块吧，卖掉它，你将富足一生。"

得到意外之财的贫穷者十分高兴，他把金块带回家，随后就找到工作有了收入，日子一天一天好起来，于是他并没有卖掉金块。多年以后，他成为了一个非常富有的人。

有天他在路上遇到一个穷人，想起自己的经历，他像当年的旅行者一样对穷人说："亲爱的朋友，为了帮助你脱离贫困，给你这个金块吧，卖掉它，你将富足一生。"穷人接受了他的金块，立刻找人对这个金块估价，最后发现那不过是个不值钱的铜块而已。

这个故事告诉我们：只有相信铜块是金块的人，也就是从主观上感觉自己富有的人，才会真正变得富有。

每个人的内心都藏着一块金块，那就是对金钱和财富的认知，这种认知的程度决定了他的生活是否富有。假如在提出要求的同时就宣布自己已经得到，那么你的人生路注定会成功。

坚持持久的信念，是在潜意识里建立一种信心。一个人只有拥有完美的信仰，才没必要进行多次确信，也没必要进行祈祷和恳求，他只需要对所得表示感谢。

"荒漠将变成欢腾的海洋，绽放出娇艳如玫瑰的花朵。"这种将荒漠变成欢腾海洋的认知状态，将施与的大门打开。

这一理论从字面上看来很简单，但在实际生活中会困难很多。例如，有个女人必须在特定的时间展示给某人看自己有足够的钱。她知道她得做点什么来展示这个愿望，于是她开始行动。

她在商场里发现了一把粉红陶瓷剪纸刀，她强烈地想要得到这把剪刀，她想："我需要用它来剪开装有巨额支票的信封。"她果断买下了这把剪纸刀，虽然理性思维在告诉她这是奢侈的行为。当她将这把刀拿在手上时，她的头脑里立刻勾画出用刀打开装有支票信封的情景。几周后她如愿如偿，而这把剪纸刀不过是她积极信念的一座桥梁而已。

关于信念支持下的潜意识力量，还有很多例子。

例如，一个人在关上了窗的农舍里过夜，午夜时分他觉得很闷，于是迷迷糊糊走向窗户，试图开窗却发现没办法打开，于是他只能用拳头砸碎窗格。清新的空气迎面而来，他睡得很好。到第二天早上他发现窗户毫无破损，自己打碎的是书架上的玻璃。那些清新的空气是他通过自己的想象感觉到的。

当你开始展示的时候，你就不应该再有别的念头。

我的一个学生有以下精彩的话："当我祈求得到时，我会双膝下跪说：我获得的东西会比我要求的更多！"所以永远也别妥协，"做完你应该做的，然后站着别动。"这是奋斗的最困难时期，诱惑来到你身边，稍有不慎就会放弃、回头和妥协。

"上帝只为那些停下来并等待它的人服务。"

展示来临的时刻，人们不再进行理性的思维，会放松自我，圣哲才能有机会发挥自己的作用。

人类单调的期望会被一种单调的方式回报。一旦他缺少对期望的耐心，就会停滞不前或者以残酷的方式得到满足。

比如，有个女人问我为什么她总是弄丢或打碎自己的眼镜。我发现她经常苦恼地对自己或别人说这样的话："我真希望能够扔掉我的眼镜。"她因为缺少耐心的期望，而得到了一种以残酷的方式得到的满足。她本来可以期望得到良好的视力，可她却在潜意识里牢牢希望扔掉自己的眼镜。这就是她的眼镜经常打碎或者丢失的原因。

损失是由两种态度导致的：一种是轻视，就像那个不喜欢自己丈夫的女人；另一种是恐惧失去，这种人总在自己的潜意识中勾画失去某种东西的图景。

如果你能抛开负担给你造成的困扰，你就会立刻展现出来。

比如，有个女人在暴风雨的天气里出门，风吹坏了她的伞，她可以选择在别人的帮助下离开，但却不想被别人看到她拿着破伞落魄的样子；她也可以选择把伞扔掉，可伞却不是她自己的。绝望之中的她祈求："上帝呀，将这把伞交由你管理吧！"

不一会儿，有个声音在她身后响起："需要修伞吗，小姐？"一位修伞匠站在她身后。

她回答道："我正需要。"于是，修伞匠帮她修好了伞。这个故事让我们知道，只要我们把代表着所有问题的伞交给宇宙，在我们前行的路上随时会有一位修伞匠站在身后。

否定的背后就是肯定。有天夜里，有人邀请我去为一个病得非常严重的陌生人服务，我拒绝了。我说："我的拒绝是因为，在他如此病重的情况下，我的行为无法深刻留在他的脑海里，他的思维也无法清醒地接受指引。"

神圣的思想里既没有时间也没有空间，我们说的话可以传达到任何地方而没有回音。我曾在欧洲治疗病人，结果有立竿见影的效果。

常有人问我，什么是形象与眼界之间的区别。形象是一个受思维与意识控制的思想过程；而眼界则是一个受直觉或超意识控制的精神过程。我们要做的就是，接受灵感的火花，通过确定的引导，锻炼自己的思想，从而描画出"神圣的图景"。当你说出"我的愿望与圣哲的期望是一致的"时，你错误的愿望就会从意识中消失，取而代之的是由圣哲设计的新蓝图。这幅蓝图能超越人的理性思维，包含了健康、财富、爱和完美的自我表现。

很多人原本能盖座宫殿，却总在思想中期望一所民宅。

你只应该通过直觉和确定的引导去表现，假如你想要通过理性思维来展示和表现，这种表现会停滞不前。

有这样一个例子证明了这一法则，我的学生为了偿还一笔非常重要的债务，希望在第二天得到100美元。我说了这样的话："永远也不会晚"，宣称钱就会马上到来的。

当天晚上她在电话里把奇迹告诉了我，她说她突然想要去看看自己在银行的保险箱中的相关文件，结果却发现在保险箱底部有一张百元钞票。她曾多次查看过这些文件，却从来没注意到这里有张钞票，这就像是梦境成真了一样。

将来的人类会达到这样一种境界：能把语言变成实物或是立刻让语言具体化，例如只要说出"以上帝的名义"这样的话，就能治愈很多疾病。

人们应该创造一种艺术，思维的艺术。耶稣是一位思想者，也是一位艺术家，他在思维的画布上描绘出了神圣的图画。他用坚信的力量和决心轻松地完成这些艺术画作，没有任何力量能抹杀掉这些画作的完美，最后他还要将这些画作变成生活中的现实。

通过正确的思维，人类被赋予了所有的力量，以便将属于自己的土地变为天堂，这就是生命的最终目标。

实现这个目标的法则就是无畏的信仰、和平以及爱！

第七章
驱走阻碍成功的恐惧

　　恐惧是每个人生命的一部分，它总是变换不同的方式出现在我们的前面，从我们出生，直到我们生命的结束。我们无法逃离恐惧，但是我们却可以控制它，战胜它，做回自己心灵的主人，重新获得心灵的宁静。

◆ 战胜恐惧

在《谁动了我的奶酪》一书中，唧唧为了应对失去奶酪的变化和危机，决定调整自己，要求自己随着奶酪的变化而变化，观念的转变改变了他的行为。

他开始学习老鼠朋友的长处，勇往直前而无所畏惧。一个人勇敢地冲入了黑暗的迷宫中，但是付出了许多努力，他才偶尔在走廊处找到一点奶酪屑，体力慢慢失去，他又开始被恐惧包围着了，这时唯一能带给他信念和勇气的就是对于未来的美好想象。

他想象着自己正处在一种很美好的环境中，坐在各种美好奶酪中间——切达奶酪、布里奶酪等等！他仿佛看见自己正在享用最美味的奶酪。这样的情形使他获得一种满足，就像卖火柴的小女孩一样，他想象着这些奶酪的滋味该是多么的香甜可口啊！

这种享用奶酪的情景，他看得越清楚，就越相信会变成现实，现在他感觉快要找到奶酪了。

正是这种对于未来的美好期望使他充满了战胜恐惧的勇气，使他继续向新的奶酪前进。不久之后他就在一个走廊的尽头找到了一大堆新鲜的奶酪，还找到了自己的两位老鼠朋友。

这使他彻底看到了变化也有好的一面，真正认识到生活并不依照某个人的意愿而发展，而是随时都可能发生改变，但你只要做到积极地面对，就可能发现更好的"奶酪"。

重要的是"新奶酪"总是存在于某个地方，不管你是否已经意识到了它的存在，它都在那里。只有当你克服自己的恐惧念头，并且勇于改变自己，去享受冒险带来的喜悦时，你才会得到新鲜的奶酪。

唧唧明白，一个人要彻底改变自己的困境，尝试新途径的话，必然会面临很大的困难和风险，内心深处不可避免地会被恐惧袭击，这时他需要一种强大的精神动力来支持自己勇敢地走下去。对唧唧来说这种动力就是对新奶酪的美好想象，对我们而言就是心中美好的希望。

希望是催促人们前进的动力，也是激活自己最主要的原因：只要活着，就有希望；反过来只要抱有希望，生命就会常在。

所以在生活中出现困难时能否充满希望，是成功者和失败者的又一道分水岭。失败者通常遇到困难就退缩，因为他们看不到希望；而成功者则永远充满希望，他们坚持不懈，他们会去寻找所有可行的办法，一直坚持到完成这个任务。

充满希望是恐惧感的对立面，它能鼓励你知难而进。恐惧是一个贪心的恶魔，不停地在你的心里扩展。一旦你任其肆虐和扩张，那么一旦到达一定的程度，你就会每时每刻都处在它的控制之下，甚至你会恐惧每一件事和每一个人。只有当恐惧被彻底地、有效地清除，你的生命力才会出现阳光，阴暗才会消散。也只有这样，才能使你重新充满活力，找到生命的意义、奋斗的目标以及快乐的生活态度。

之所以会产生恐惧，是因为自己不够强大和对自己缺乏信心。只有当你发现自己真的拥有无限的力量时，只有当你自觉地认识到这种力量时，只有当你通过实践证明了自己足以凭借思想的力量战胜任何不利因素时，你才会觉得没什么可怕的了。因为你知道，与恐惧相比，你自己更强大。

是我们对自己权利的不敢坚持或维护，才导致了世界对我们的苛刻，也就是说世界只为难那些不能为自己的思想争取容身之地的人，对他们残酷无情。而我们却由于畏惧这种发难，才把我们的许多思想深埋在黑暗之中，不敢让它们大白于光天化日之下。假如我们没有什么渴望，那么我们就将一无所有；假如我们希望很多，那么我们就将很自然地得到更多。这正是所谓的"有期望才有所得"。

太阳之所以不需要外来的光和热，正是因为它自身拥有光和热。拥有"太阳"的人总是忙于向外界传播自己的勇气、信心和力量，他们以期许成功的心态把艰难和险阻撕得粉碎，他们跨越了恐惧在他们前进的道路上设置的重重障碍，如此就再也没有什么可以阻挡他们走向成功了。

只有当你意识到自己拥有"太阳"时，你才不会畏惧黑暗，一旦认识到这一点我们也就没有什么可畏惧的了，因为我们的力量原本就是无穷无尽的。

大家都知道运动员是通过锻炼才变得强壮、迅捷，而我们是通过实践来学习的。为了获得更深刻的认识，只能把知识付诸实践才行。

你最强大的敌人就是你自己，只有当你学会战胜自己，战胜自己的恐惧心理，你的"内在世界"才能够征服外在世界。此时的你将"无所不能"，若能如此，那么你的一切都会对自己的每一个愿望做出积极回应，那么成功于你来说就是顺理成章的了。

宇宙精神或宇宙能量就是所谓的"无限的我"，人们通常称之为"上帝"，那我们的"内在世界"又是由"自我"掌管的，而这个

"自我"正是包含于"无限的我"中。

赫伯特·斯彭德曾经这样说过，"发生在我们身边的所有奇迹中，最令人确信的是我们一直将置身于万物、或由此而产生的无限而永恒的能量之中。"这并不仅仅是为了证明或建立某种观点，而提出的一种论据或理论，而是一个事实，并且是被最优秀的宗教思想和科学理念所能接纳的事实。

科学发现了亘古常在的永恒能量，而宗教却发现了潜藏在这能量之后的力量，并认定它在人们的内心之中。这体现了科学与宗教的不同分工，但这也绝不是什么新发现。《圣经》中早已有所描述："难道不知你们是神殿，神灵住在你们心里头吗？"我们的"内在世界"拥有神奇的创造力，其奥秘就体现在这里。

你无法给予别人你没有的东西。你不具有的怎么能给予呢？倘若我们软弱无力，那么就无法帮助别人；倘若我们希望自己对他人有所帮助，那么首先自己要拥有力量。只有先让自己变得有力，才会有能力去帮助他人。

充分开发自己的潜能，这会让你受益无穷。因为人的潜力是无限的，是永远挖掘不尽的。无限则意味着永远都有，而我们作为无限能量的代言人，自然不会出现"无力"的情况。

克己忘我并不等同于成功，战胜一切并不是自傲自大。这是力量的奥秘所在，也是控制力的奥秘所在。

欲先取之，必先予之。我们必须对他人有所帮助，我们给予的越多，所得的就越多。宇宙处于不断寻求释放的永恒状态之中，处于帮助他人的永恒状态之中，所以它总是在寻求让自己能够拥有最好的释放渠道。而我们应是宇宙传递活力的渠道，这样才能做更多有益的事，能够给予他人更多的帮助，并尽力做到最好。

我们要高瞻远瞩，不要只拘泥于自己的计划或是人生目标。让所有的感觉安静下来，仔细想想内心的愿望，把精力的焦点放在内心世界里，并在这种认知中怡然自得。密切注视各种各样的机遇，找出能量所赋予你的精神通道，这样才能把自己的价值发挥到极致。

◆ 用自嘲驱散恐惧

曾有一位伟人说过，世上最神奇的力量就是笑，它能够消除一切压力和恐惧。在《谁动了我的奶酪》一书中，当唧唧拥有了自嘲的勇气时，他穿上了运动衣和跑鞋，开始寻找新奶酪的冒险。

等到小矮人唧唧不辞劳苦地找到了新的奶酪时，他一面幸福地享受着新奶酪的美味，一面反思自己从这段经历中学到了什么。

他想到当初自己也曾深陷于失去"奶酪"的痛苦中而不能自拔，那时他的整个心灵都被这突然的变化所带来的恐惧而淹没，那到底是什么使他发生了改变呢？难道是迫于饿死的威胁？唧唧想到这些不禁笑了。

唧唧忽然发现自己已经学会了自嘲，而当人们学会自嘲，能够嘲笑自己的愚蠢和所犯下的错误时，一切就开始改变了。自嘲，意味着你能对往事轻松释怀，然后迅速行动起来，直面人生的各种。

宋代词人苏轼说："人有悲欢离合，月有阴晴圆缺，此事古难全。"也就是说在人生漫长的征途中，并非都是一帆风顺的，时常与挫折、不顺心的事情相伴；快乐与痛苦交织，甚至痛苦比快乐还要多，月缺之时总比月圆之时多。

这就需要我们要以一颗平常心去坦然面对现实生活中这些与我们的理想希望相悖的事情，不断提高自己，学会自嘲和调侃，变被动为主动，寻找自在与平静，保持心理平衡。有人说自嘲有益身心，这话确实有一定的道理，因为自嘲能够解脱，放下心理的包袱，为的是健康充实快乐生活。

自嘲是一种特殊的人生态度，它带有强烈的个性化色彩。自嘲也是生活中的一种艺术，具有干预生活和调节自己的功能，它不但能给人增添快乐、减少烦恼，还能让人更清楚地认识自己，战胜自卑的心理，应付周围的变化以及外界环境所带来的压力，摆脱心中的种种失落和不平衡，从而获得精神上的满足，为人生增添活力。

世事复杂，生活中我们难免会遇到一些下不了台的事，而自嘲不仅可以帮助我们摆脱难堪、窘迫和尴尬，还能帮我们瞬间由难堪变为被别人尊重和敬佩。

在一次舞会上，一个个头偏低的男子去邀请一个身材高挑的女孩跳舞，那女孩礼貌地拒绝道："我从不与比我矮的男人跳舞。"男人听了没有发火，也没有指责对方，而是淡淡的一笑，自嘲道："我是武大郎开店，找错了帮手。"那女孩听后面红耳赤，反而不好意思起来。自嘲使那位男士走出窘境，而且还把尴尬留给了那个伤害过自己的女孩。

在公共场合，被人嘲笑是一件很丢面子的事，如何让自己挽回面子并保持平静的心态呢？比如当你在经济上受到不合理的待遇时，你的生理缺陷受到别人的嘲笑时，无端受到别人的攻击时等等。你不防采用阿Q精神胜利法，比如："吃亏是福、破财免灾"等等调节一下你失衡的心理。在一些非原则问题上可以装装糊涂，以此让自己多一层保护。在时机适当时还可以像那位男士那样幽默地调侃一下。

人的一生难免会有失误，任何人身上都难免会有缺陷，谁都难免会遇到尴尬的处境。有的人喜欢遮遮掩掩，有的人喜欢辩解。其实越是遮掩和辩解越是容易让自己越描越黑，心理越是失衡，最好的办法是学会嘲笑自己。

美国著名演说家罗伯特是个秃头，在他的头顶上很难找到几根头发。在他过60岁生日那天，有许多朋友来给他庆贺生日，妻子劝他戴顶帽子。罗伯特却大声地对所有宾客说："我的夫人劝我今天戴顶帽子，可是你们不知道秃头有多好，我是第一个知道下雨的人！"这句嘲笑自己的话，一下子使宴会的气氛轻松活跃起来。

成功的人从不试图掩饰自己的缺点，相反有时他们会拿自己的缺点开玩笑。而现实生活中经常可以遇到一些喜欢遮掩自己的缺点的人，他们也许脸上有缺陷，也许所受教育不高，也许举止比较粗鲁等等。对于这些缺点，他们总要想出方法来掩饰，不让别人知道。但这样做的时候，无形之中就违背了诚实的处世原则。很显然，与他们交往的人，会觉得他们不诚实，并因此拒绝再与他们交往。

自嘲能缓解你面临的压力，让你可以扔掉心理包袱，轻装上阵，打一个漂亮的翻身仗。

心理学家认为一个人的身体状态是受其心理和精神因素影响的，大约有一半以上的疾病是由心理和精神方面共同引起的，因此保持心理平衡对人的健康是非常重要的。自嘲就不失为一种宣泄情绪、维护心理平衡和健康的良方。

有一次，几位美籍华人学者拜访著名作家冰心。客人热情地嘘寒问暖，笑问冰心最近在写些什么大作。冰心老人风趣地说："写什么大作？我只是写些回忆性文章或者有感而发的文章，主要是在家里坐以待'币'！"客人们一时都愣住了，不知道为什么要坐以待毙。冰心笑着解释说："你们不要误会，有句成语叫'坐以待毙'，我说的是坐以待'币'，人民币的币。我坐在家里写稿，等待人家寄稿费，寄人民币来！"一时间满堂哄笑。

"拿得起，放得下，想得开"，学会自嘲而不为名利所累，不为世俗所扰，不以物喜，不以己悲，以坦荡的胸怀和豁达的心态对待人生，这样你会身体健康，生活美满。

学会自嘲的唧唧终于摆脱了心中对于变化的恐惧，做好一切准备，向迷宫深处出发了。唧唧临行前想劝说哼哼改变自己的观念，和他一起去寻找新的"奶酪"。唧唧转过身来对哼哼说："哼哼，有时候事情发生了改变，就再也变不回原来的样子。我们现在遇到的情况就是这样。这就是生活！生活在变化，时光在流逝，我们也应该随之改变，而不是原地踏步。"

调整自我，转变观念才能让自己适应这个社会。

◆ 拥有勇气就不会恐惧

生活中形形色色的问题总是不停地困扰着我们，侵扰着我们的心灵，使得我们想要摆脱却无从插手！这些一直困扰我们心灵的最隐秘的东西便是我们每个人内心的恐惧！

恐惧是每个人生命的一部分，它总是变换不同的方式出现在我们的前面，从我们出生，直到我们生命的结束。我们无法逃离恐惧，但是我们却可以控制它，战胜它，做回自己心灵的主人，重新获得心灵的宁静。

恐惧源于内心的一种不安全感。人们骨子里总是追求一种安全感，电影《2012》播放以后，生活中出现了一大批恐惧2012的人，他们战战兢兢，似乎电影中2012年"全球温度升高，火山爆发，大面积地震、海啸，地球毁灭，人类濒临灭绝"的境况真的会发生一样。各种论坛、QQ群中，关于地震、战争、奇怪气象的消息铺天盖地。

众慧整合艺术自疗中心首席导师黄家良说，"这归根结底缘于一种不安全感。有些人潜意识里有'我怕，我需要更多人陪我怕'的思想，来寻求一种平衡感；另外一种人在大量人跟帖回应后得到满足，认为'不这样做不会被人认可'，因为此人内心的背后也存有不安全感。"

不安全感可以追溯到一个人的幼年时期。在孩子幼年时期，如果父母过分粗暴、严厉的管制，或是家庭关系不合，缺乏爱，都可能会导致孩子不安全感的产生。有的父母常常在孩子不听话时，恐吓孩子："再不听话，就不要你了，把你扔了。"弗洛伊德曾经说过：一个从小充分享受过母爱的人一辈子都会自信满满。反之，如果一个没有母爱或者是缺乏母爱的人在他的一生中都常常会伴有不安全感的存在。在遇到外界的刺激时，这些人往往更加容易引发不安全感。

不安全感也跟一个社会的社会环境和社会体制密切相关，比如有的人失业了，职位不保，生活没有来源，没有社会保障。这种社会制度下，人们就会缺乏安全感。在一个体制等各方面非常健全的国家，人们内心的这种不安全感相对就会低一些。

恐惧的另一个根源就是缺乏信心。这样的人总是不相信自己，不相信生活，不相信自己能够取得很好的成绩，不相信自己能够过上很好的生活。怀疑自己是否能够被上帝很好的关照，怀疑自己是否值得被关怀。他们总是试图抓住生活中的一切，害怕失去一些东西以后自己再也无法生活下去了，怀疑自己是否能够找到所失去的东西的替代品，恐惧自己再也无法变得完整。他们觉得当所有东西都在自己的掌控之内，这样才觉得可靠、踏实。然而，我们知道，这是不可能的。

恐惧是一种天生的人类情感，它具有很强的两面性。在某些情境下，恐惧能够保护我们，使我们免受伤害。比如当你走在高山上时，恐惧让你远离悬崖；在遇到不良陌生人的靠近时，恐惧会让你保持警惕。所以，请认识你的恐惧，接纳你的恐惧！感谢它，感谢它帮你脱离危险！

我认为，在一个人没有完全认识恐惧，接纳恐惧之前，任何人都没有资格称为拥有勇气，除非他对自己所做的事情有充分的认识或者有较为全面的设想。

在我参加徐鹤宁老师的课堂上，一位朋友告诉我，虽然在他的人生历程中，他已经取得了在别人看来相当不错的成绩，但他却认为他最大的勇气不在于他做了什么事，而在于他能够在舞台上说出自己的心里话，他在困难面前比别人表现出了更大的勇气。他说："对于我来说，对勇气最好的定义就是对本应该引起恐惧的东西有一个正确的看法，而并非无所畏惧，一味大胆。"

有些事情当然值得我们去畏惧，但是，对这些事情有一个正确看法才是关键所在。这种看法可能使我们摆脱无谓的恐惧，帮助我们清醒地面对应该引起我们畏惧的事情。也有一些人，尽管表面上只做一些能让别人称为勇敢的琐事，但是，当机遇出现的时候，潜藏在内心里的恐惧就会表露出来。我们在柔软的手套下发现了铁腕，我们没有错看它。真正的勇气，是冷静、沉着和镇定，不是有勇无谋、争强好胜、脾气暴躁或好辩喜讼。

这才是真正的勇气——对那些真正的、值得我们恐惧的危险有一个正确的态度评价。

◆ 自卑不可怕

人有了自卑感，心理就很容易失衡，但是不少自卑的人同时也会产生出一种不断地弥补自己弱点的本领。往往自卑心理越是强烈的人，这种补偿作用也会越强。也许这是上帝给人类的一种自我修复能力。

林肯长相丑陋，可他不但不忌讳这一点，而且常常诙谐地拿自己的长相开玩笑。在竞选总统时，他的对手攻击他口是心非，搞阴谋诡计。林肯听了指着自己的脸说："让公众来评判吧，如果我还有另一张脸的话，我会用现在这一张吗？"

有一次，一个反对林肯的议员走到林肯跟前挖苦道："听说总统您是一位成功的自我设计者？"

"不错，先生，"林肯点点头说，"不过我不明白一个成功的自我设计者，怎么会把自己设计成这副模样？"

自卑是自信的天敌，自卑是人生的陷阱。

唐代大诗人李白在《将进酒》中吟道："天生我材必有用！"这是何等豪迈的气势！心理学家读到此句的时候，肯定还会再加上一句：这是何等的自信！现代人周围充满竞争，眼前常有机遇，尝试成了现代人相当时髦的人生信条。每当人们走向新的挑战之前，总是向挑战者或竞争者显示：天生我材必有用，这次胜利非我莫属！但是，在人生舞台上，有些人却低低哀叹：天生我材……没用。这种自卑的"自白"与自信者产生了强烈的反差：自信者相信自己的力量，竭力去做人生舞台上的主角；自卑者则认为自己没有能力，只适合当观众。自卑是个人由于某些生理缺陷或心理缺陷及其他原因而产生轻视自己，认为自己在某个方面或其他各方面不如他人的情绪体验，表现在交往活动中就是缺乏自信，想像失败的体验多。自卑是影响交往的严重的心理障碍，它直接阻碍了一个人走向群体，去与其他人交往。

一个人由于缺乏成功的经验，缺乏客观的期望和评价，同时消极的自我暗示又抑制了自信心，加上生理或心理上的缺陷、恶劣的生活境遇等等原因导致了自卑心理的产生。这种心理常表现为抑郁、悲观、孤僻。如果任其发展，便会成为人的性格的一部分，难以改变，严重影响人的社会交往，抑制人的能力发展。

自卑的产生，是由于某人存在着某些生理缺陷或心理缺陷，特别是由于无能而产生的一种不能胜任的心理感受。那么，交往中的自卑者是不是存在着某种缺陷呢？很显然，除了极少数人有些生理缺陷外，绝大多数人与常人毫无两样。但是，他们却有着比有缺陷者还要严重的自卑心理，这又从何谈起呢？也许下面一句话可以对其做出很好的解释：人自认为是怎样一个人比他真正是怎样一个人更为重要，因为每个人都是按他认为自己是怎样一个人而行动的。自卑者正是自认为自己能力差，从而表现出更多的自卑心理，产生自卑感的。自我认识不足和过低的期望是形成自卑心理的最主要原因。自卑者在认识自己时，通常都是建立在不正确的比较上，他们习惯于拿自己的短处与他人的长处比，或者是与某方面的"显要"人物去比，这样比当然是越比越觉得不如别人，越比越泄气，就会形成自卑心理。自卑者在活动中对自己的期望也过低，在任何活动之前，由于认识不足，他们常有一种"我很难成功"的消极自我暗示，因此自己的期望不高。这种自我损害的倾向会使他们不相信自己的力量，抑制了能力的正常发挥，结果造成活动的失败。而活动的失败又恰恰验证了他们的自我认识和期望，从而强化了他们的自我认识，使他们的自卑感加强。此外，期望不高，还使得他们一直将自己的交往局限在旧有的交往范围内，不敢涉足新的交往情境，从而他们的交往水平很难提高，这又使他们降低了对自己交往能力的评价，变得更加自卑。内向的性格是形成自卑心理的又一个重要原因。性格内向者多愁善感、忸忸怩怩，见人便害羞、语塞，看到别人善于交际，更是自惭形秽。这种人还特别敏感，总觉得别人瞧不起自己，所以事事退缩、处处回避，结果本来就很少的交往活动变得更少，使他们对人生的重要活动——交往，只能以忧虑和恐惧相待。这些情绪一经产生，如果再得到强化，那么离自卑就只有一步之遥了。所以性格内向者如果不敢交往、害怕交往，不去掌握基本的交往技能和技巧，是很容易形成自卑心理的。挫折的经历和不恰当的原因也会导致自卑心理的形成。人的交往活动很需要积极的反馈和成功的经验，它有利于一个人的自我肯定和自信心的建立。但是，事与愿违，有些人在交往中屡战屡败，得到的尽是消极的反馈，挫伤了他们交往的锐气，使他们在冷淡和嘲笑中变得苍白无力，渐渐地便会导致其自卑心理的形成。例如，尝试一种新的活动没有成功，应该说原因是多种多样的，可能是活动难度过大或外界条件不完善，也可能是缺少必须的技能或运气不佳，应该说各种原因都有一定的可能，可是有些人却抱定"缺乏能力"一项不放，不去作其他原因的解释了。这样会使得一个人从此不再相信自己的能力，限制了原有能力和潜力的发挥，并且不再期望以后活动会成功。单单一个挫折因素已经足以让人抬不起头了，不恰当的归因则更加快了一个人自卑心理的形成。

一个人的自卑心理一旦形成以后，不仅会严重地阻碍他的交往生活，使他孤独、离群，而且还会抑制他的自信心和荣誉感的发展，抑制他的能力的发挥和潜能的挖掘。特别是当他的某种能力缺陷或失败的交往活动被周围人轻视、嘲笑或侮辱时，这种自卑心理会大大加强，甚至以嫉妒、暴怒、自欺欺人等畸形的方式表现出来，给自己、他人和社会造成一定的危害和损失。由于这种自卑心理对交往和个人发展的危害性，我们应当采取适当的措施去克服它，让自卑者从自设的陷阱里走出来，潇洒地走进人群，亨受人际交往的乐趣。

当一个人有足够的勇气可以嘲笑自己的缺陷和弱点时，他也就不再受所谓面子对自己的影响了。一个人要想有面子，就要不怕丢面子。孔子说："过而不改，是谓过矣。"意思就是说犯了错没什么，但犯错而不知悔改，才是真的错了。

人无完人，没有人不犯错误，有时甚至会一错再错。既然错误是不可避免的，那么可怕的并不是错误本身，而是知错不改，知错而不知吸取教训。

如果能坦诚面对自己的弱点和错误，再拿出足够的勇气去承认和改正它，不仅能弥补错误所带来的恶果，使你在今后的工作中更加谨慎，而且还能加深领导和同事对你的好印象，从而原谅你的错误。这不但不是"失"，反是最大的"得"。

如果你在工作上出错，要立即向领导汇报，这样当然有可能会被批评，可是上司会认为你是一个诚实的人，将来也许会更加倚重于你。所以从这个角度来看，你所得到的可能比你失去的更多。

如果你所犯的错误可能会影响到其他同事的工作成绩或进度，无论同事是否已经发现这些不良影响，都要赶在同事怒火冲天地找你之前主动向他解释和道歉。千万不要企图自我辩护和推卸责任，否则只会让对方更加恼怒。

每个人都会犯错误，尤其是当你精神不佳、工作过累、承受过于沉重的生活压力时，偶尔不小心犯错是不可以理解的，关键是犯错后要用正确的态度对待。犯错误不算什么，但只有放下面子，敢于自嘲，不再固守所谓的面子，人才能坦诚地面对自己和他人。

◆ 不可宽恕之罪

从前有一位小王子，他自小就受到了溺爱，长大后父母发现他什么都不懂，甚至连独立思考的能力都没有。

国王和王后很是惊讶，不明白为什么王子会如此愚蠢。他们开始担心，如此愚笨的王子怎么能继承王位呢？所以他们决定打发他去国外旅行，希望他磨练一番后会保护自己，也会变得能够思考了。

王子骑着马愉快地上路了。王子一个人上路觉得很新鲜，因为此前他的生活一直被别人掌控着，虽然不用工作，却很是乏味和无聊。

刚走没多久，他遇到一个小矮人躺在地上，耳朵贴着地面。

"你在做什么？"小王子问。

"我在听世界上发生的所有事情，"小矮人说，"我是'听力'，如果谁对自己的同胞感兴趣的话，我就是很有用的仆人。"

"跟着我，"王子命令说，"也许你这样的人对我有用。"

他们来到了一片小树林，看到树林的尽头有一位巨人。王子从未见过这么高大的人，就问道："你是谁？"

"我叫'嗅觉'。"巨人说，"我能看到世界各处，如果有一个知道如何用我的主人，我就能让世界清平，你需要一位仆人吗？"

"我需要，"王子回答道，"跟着我吧。"

他们又上路了。一路上，他们相处的非常愉快。这一天，他们在路上看见一个裹着毯子的男人坐在阳光下，但却浑身打着哆嗦，像是得了疟疾。

"朋友，您得了什么病啊？"王子问道。

"唉，"那个可怜人呻吟着说，"我原来的那个主人总是恐惧不安。他冬天害怕没有暖气，夏天又害怕没有冷气。现在他离开我了。而我在这两种天气里也十分痛苦，我在找一位不怕冷、也不怕热的主人。如果有的话，我会乐意为他服务，也能让他开心。你能告诉我，哪儿能找到这样一位主人吗？"

"你叫什么名字？"王子好奇地问。

"我叫'感觉'，"那个痛苦的人回答道。

"好的，'感觉'，跟着我吧，"王子说，"我会让你开心的。"

快到王子的国家边境时，他和三个仆人看见一个粗壮的汉子躺在路边，就上前和他聊了起来。

"您还需要仆人吗？"那人问道。

"当然，"王子回答道，"可你能做什么呢？"

"我是世界上最好的仆人，"那人说，"我叫'味觉'。我很强壮，我能一整天背着你也不会觉得累。只是因为我的上个主人让我管着他，所以我才看起来这样胖和丑。我现在在找一位懂得如何做主人的主人。"

王子同意了。

他们又上路了，穿过树林和草地，来到了高山脚下。抬头向上看，他们看见山顶上有一个人正注视着他们。

到了山顶，王子问道："你是谁？"

"我叫'视力'，"那人回答道，"我关注着世界上发生的一切。我能帮你区别好人与坏人、懒惰的人和勤劳的人。我能让你看到问题的症结所在，我能给你指出怎样解决这些问题。但我只愿能和我一起努力的人工作。我需要一位勤劳而充满智慧、且永远不会抛弃我的主人。请告诉我，您能找到这个世上这样的主人吗？"

"跟我走吧，"王子说，"我会努力做这样一个主人的。"

那天晚上，王子和他的五个仆人在一家小酒馆歇脚。视力和听力说店主很可靠；味觉小心谨慎地品尝所有食物，感觉就像他承诺的那样，是一个很理想的仆人，他把大家伺候的很舒服。

第二天，他们到达了快乐公主的城堡。公主热情地接待了他们，她既美丽又温柔。王子对她一见钟情。当王子表达了自己的感情时，却被告知要赢得公主的芳心必须完成三件需要力量和决心的任务。如果失败了，不仅会娶不到公主，还可能被惩罚致死。

最后，王子在五个仆人的协助下，顺利完成了任务，赢得了公主的芳心，和公主成百年之好，并和公主一起回到了祖国。老国王去世后，放心地把王位传给了王子。

这个故事就是要说明，每个获得幸福的人必须亲自为它努力，为值得付出的目标而努力，并且会支配自己的五个仆人（感官），使它们最好地为自己服务。

我们中大部分人都像那个王子一样，拥有几个好伙伴，快乐开朗而又心地善良。但是，很多人却没有目标，总是被周围的环境或别人告诉自己该做什么，该成为什么样的人，而我们却失去了思考能力，被周围的环境和他人的观念所控制。

◆ 没有开发的矿产

所有的知识都写在了书本上，但我们又学会了多少呢？我根本就学不完，不说全的知识，哪怕是某一学科的知识，我们也未必全都能弄明白。所有的能力都交在我们手中，我们发挥了多少呢？仅仅是用来勉强完成日常工作。所有的财富都摆在我们面前，我们又拿走了多少呢？大部分人拿到的财富，只是能购买每天的食物和生活必需品，带来一点点舒适的那一小部分。就像植物叶片中那些小小的绿色"懒汉们"一样，我们浪费了99%的能量和90%的原材料。

《纽约先驱论坛报》说："说服那些在农业中发挥最基础、最重要作用的'绿色小劳力'工作更认真些，是农业'最有前途的领域'。"

这些'小劳工'们是世界上最无可救药的懒汉了，它们是一些微小的绿色液滴，借助于任何植物学家用的显微镜，可以在有绿色植物的叶片中发现它们。就是它们通过光合作用把阳光、空气和水分转化成养分储存在植物中，储存在所有生物中，供应这座绿叶'工厂'的能量来自太阳的热量，而据估计叶片只用了不到其中的百分之一。这座'工厂'的原材料是水分、空气和土壤中的无机盐，而工厂往往浪费了这些原料的百分之几十或更多。一家制造企业如果丢弃浪费了99.9%的原料，那会出现什么样的情况呢？肯定是入不敷出进而可能到破产的境地。现在农业生产都不注重实用机械技术，如果我们可以使这些小液滴养成良好的工作习惯，那么农作物的产量一定会大幅度的提升。

不可宽恕之罪就是忽视了你自身潜在的能力，那什么样的罪是违背圣灵的呢？忽视了你心里面的圣灵就是违背圣灵。明明圣灵的能力远比你的感知能力要高出千万倍，而你还是只凭自己的感知做事，这就是违背圣灵。

已经被赋予一定的才能，但因为你缺乏主动性或者害怕失去它们，你的才能就一直被隐藏了起来。当你需要对此做出解释时，你有什么理由呢？读一读这则有关才干的故事，看看这位主人是怎么说他的仆人的。

有一位伟大的艺术家，他有非常棒的镶嵌手艺。他的仆人是一个贫穷的年轻人，这个仆人的职责就是在艺术家工作的时候帮帮忙，做一些搬东西、打下手的杂货。

一天，仆人问艺术家自己可不可以留下那些从工作台上掉下来的玻璃下脚料。

"当然可以，"艺术家不耐烦地说，"你要它们干什么？它们已经没用了。"

艺术家要出一次远门，家中只剩下了仆人。艺术家的工作室一角堆放着工具和帆布之类的东西，就在艺术家走后的每一个夜晚，那个年轻人研究着下脚料，用它们做出了一些东西而且一直坚持地做着。

艺术家回来了，他找工具时偶然来到了那个角落，不仅惊呆了，他看到了最美的玻璃制品！

他把年轻人叫过来问道："这个是谁做的？"

"是我做的，先生。"年轻人充满歉意地说，"我只是用了那些您丢弃的玻璃碎片。"

艺术家再次仔细地看着那些美轮美奂的玻璃制艺术品，不禁赞叹道："美极了！比我用那些好材料做出来的都美，一定会有人收藏的。"

◆ 人人都有机会成功

你说自己没有机会干一番事业？那么你觉得机会在哪呢？是没有来到，还是隐藏起来了？其实机会就在你身边，它如同你呼吸的空气一样到处都是，而且永远都有。

"没有机会"永远是那些失败者的托词。当我们尝试着步入失败者的群体中对他们加以访问时，他们中的大多数人会告诉你他们之所以失败，是因为不能得到像别人一样的机会，没有人帮助他们，没有人提拔他们。他们还会向你抱怨好的地位已经人满为患，高级的职位已被他人挤占，一切好机会都已被他人捷足先登。总之，上天对不起他们。

但有骨气的人却从不会为他们寻找这样的托词。他们从不怨天尤人，他们只知道尽自己所能迈步向前。他们更不会等待别人的援助，他们是自助：他们不等待机会，而是自己制造机会。

等待机会成为一种习惯，这是一件危险的事。人的热心与精力，就是在这种等待中消失的。对于那些不肯努力而只会胡思乱想的人，机会是可望而不可即的。只有脚踏实地奋力前进，不肯轻易懈怠的人，才能看得见机会。

机会的降临往往是非常偶然的，机会就暗藏在你的日常行事之中。不管你从事哪一类事，其中都有机会。

伟大的成就和业绩，永远属于那些富有奋斗精神的人们，而不是那些一味等待机会的人们。应该牢记，良好的机会完全在于自己的创造。如果以为个人发展的机会在别的地方，在别人身上，那么一定会遭到失败。机会其实包含在每个人的人格之中，正如未来的橡树包含在橡树的果实里一样。

世界上最需要的，正是那些能够制造机遇的人。时机虽是超乎人类能力的大自然的力量，但人在机遇面前，不都是被动的、消极的。许多成就大事的人，更多的时候是积极地、主动地争取机会，"创造"机会。

培根指出："智者所创造的机会，要比他所能找到的多。正如樱树那样，虽在静静地等待着春天的到来，而它却无时无刻不在蓄锐养精。"人在待机之时，不能放松蓄锐养精的积累，还要时时窥测方位、审时度势、见缝插针，以寻求有利自身发展的机会。

当一个人计划周详，考虑缜密，在多种有利因素的配合下，时机常常会来到你的身边。一个强者，总能创造出契机，常常与机会结缘，并能借助机遇的双翼，搏击于事业的长空。

创造机会需要一种韧劲、磨劲，需要耐心。当你确定明确的奋斗方向，有坚定的信念，并时时刻刻准备"接纳"机遇时，就可能得到机遇女神的青睐。

约翰·雅各布·埃斯特曾接管了一家破产的女帽店，他没像大多数人那样认定破产是消费者、制造商或是销售人员的过错，也没有解雇店里的员工。他站在穿着时尚的女士们习惯路过的一个街口，观察这些女子。每当一个穿着入时的女人走过时，他就仔细看她的帽子，把它们熟记于心。然后他就回到商店，挑出最接近的一些帽子，摆在最明显的位置，而把其它的帽子都暂时下架。

　　然后他继续站在那个街口观察，只要一发现漂亮的款式，就让店员放在橱窗里。他一直这样做，明白了人们的需要之后，他没有试图把人们不需要的卖给他们，而是把人们需要的卖给他们。

　　爱默生也是这样认为，他曾写过这样的话："一个人的生意对人们来说可有可无，就如同把房子建在偏僻的地方一样，人可以选择去住，也可能因为孤单而不会去住。但一个人的生意如果可以解决所有人面临的问题，就算他的生意再偏门，也有人趋之若鹜。"

　　其实只要换个想法或换个思考角度，就能发现让人"趋之若鹜"的机会。一个华盛顿的穷汉，买不起玩具给孩子。一天晚上，为了表达自己对孩子的喜爱，他坐下来用木头刻了个木制玩具汽车。

　　他的孩子将木制玩具汽车带出去玩，被一群孩子发现了，他们都吵着要这种玩具汽车。

　　穷汉认识到那个吸引了自己孩子的玩具，对那个年龄段的所有孩子都具有吸引力，所以他将自己的想法告诉了一个制造商。制造商也觉得这是一个很好的商机，就让他先做一批出来。

　　穷汉欣然同意，而且做这个连本钱都不需要，因为只需一块木头、一把铅笔刀就能做成一个玩具。穷汉靠着玩具汽车发了一笔财，从此摆脱了贫穷。

　　割草机的发明过程也很简单。一位妇女把许多剪刀钉在一块木板的边上，用绳子连起来，这样一拉绳子，剪刀就都打开了，再一松，剪刀就合上了。这就是割草机的原理！

　　人们想得到什么？人们需要什么？这就是你应该问的问题，而不是你有多少本钱，有什么学历，或者有什么工具。先找出人们的需要，再想办法满足他们，做生意能够赚钱的本源，也就是有需求才有生意。

所有的一切都可能成为财富的种子，就连昆虫也可以用来致富。

我在报纸上读到了一则消息，在赫福特郡的哈番顿的试验站，人们正在收集甲虫和毛毛虫，打算把它们运往新西兰。那里的野生蓝莓的种子正大量蔓延，失去了控制。因此以它们为食的昆虫被引进来，以控制蓝莓那令人恐怖的漫延。每个农民都知道大量培养无害昆虫可以消灭有危害的植物。

我们周围充满机遇。它们就在我们附近了，但很多时候我们反而看不见它们。路上的障碍和我们神仙绝地的时候，我们往往能够发现机遇。就像摩西一样，我们手中的杖有的时候会成为蛇，但是如果我们毫无畏惧地抓住蛇，会发现它还是像从前一样在坚定地支持着我们。

亚利桑那州的墓碑镇流传着这样一个故事。

一个满怀真诚的淘金者，认定自己会在亚利桑那州的群山中找到金矿，朋友们都嘲笑他想钱想疯了，然后告诉他：深山老林里除了自己的墓碑，什么都挖不到。

淘金者不为所动，他执着于自己的梦想，也坚信自己是正确的，在他多方勘察之后，最终发现了一座价值数百万的金矿。他戏谑地把发现金矿的小镇命名为"墓碑镇"。

保罗说："信心就是盼望的事情的真实性，确信看不见的事情。"

既然有信心，就要行动起来。那个淘金者也许一辈子都相信亚利桑那的深山中有金矿，但是如果他没有因为积极的信心而准备好努力勘察，那么金矿是永远也找不到的。

持有梦想的人，为梦想而努力奋斗，那么他们的成功就是一种必然。

◆ 调整自我，适应变化

人生之路就像一条长河，难免会碰到挫折，这世界很复杂，面对起伏变换的人生，我们其实只需要调整好，然后再出发就行了。

如果司马迁刑后，不调节自己的心理、坚守自己的平生志向，就不会有《史记》的问世；没有中国共产党决策的调整，坚守革命的信念，就不会有新中国的诞生。

面对人生起起落落，要随时自我调整，坚守自己的信念。把自己调整到最好的状态，再轻装上阵，方能领略人生的高度，享受生活的美丽，也是通往下一个成功的驿站。

俗话说："变则通，通则久！"所以在机会面前，人应该学着变通，不能死钻牛角尖，此路不通就换条路。有更好的机会就赶快抓住，不能一条路走到黑，生活不是一成不变的，人也应该掌握变通的智慧。

有这样一个故事：

村庄里有一位对上帝非常虔诚的牧师，40年来，他照管着教区所有的人，施行洗礼，举办葬礼、婚礼，抚慰病人和孤寡老人，是一个典范的圣人。有一天下起雨来，倾盆大雨连续不停地下了20天，水位高涨，迫使老牧师爬上了教堂的屋顶。正当他在那里浑身颤抖时，突然有个人划船过来，对他说道："神父，快上来，我把你带到高地。"

牧师看了看他，回答道："40年来，我一直按照上帝的旨意做事，我施行洗礼，举办葬礼，抚慰病人和孤寡老人，我一年只休一个星期的假期，而在这一个星期的假期中，你知道我干什么去了？我去了一家孤儿院帮助做饭。我真诚地相信上帝，因为我是上帝的仆人，因此你可以驾船离开，我将停留在这里，上帝会救我的。"

那人划着船离去了。两天之后，水位涨得更高，老牧师紧紧地抱着教堂的塔顶，水在他的周围打着旋转。这时，一架直升机来了，飞行员对他喊道："神父，快点，我放下吊架，你把吊带在身上安好，我们将把你带到安全地带。"对此老牧师回答道："不，不。"他又一次讲述了他一生的工作和他对上帝的信仰。这样，直升机也离去了，几个小时之后，老牧师被水冲走，淹死了。

因为是一个好人，他直接升入天堂。他对自己最后的遭遇颇为生气，来到天堂时，情绪很不好。他气冲冲地在天堂中走着，突然间碰到了上帝，上帝惊讶地看着他，说道："麦克唐纳神父！你怎么了？"牧师凝视着上帝，说："哦！我的上帝140年来，我遵照你的旨意做事，有过之而无不及，而当我最需要你的时候，你却让我被淹死了。"

上帝回望着他，迷惑不解地说："你被淹死了？我不相信，我确信我给你派去了一条船和一架直升机。"

事实上，在人的一生中，类似于船与直升机的机会不止一次出现，你需要的只是正确地认识它们。当你为自己确立了目标之后，真正能做的只是抓住机会。这样，那些令你熟视无睹的看似偶然的事件就会变成真正的机会。几乎任何一件事都会创造出一种机会。即使是偶然的不幸事件发生，你也应努力接受，勇敢面对现实，不要把它们作为无所事事的借口。

禅宗有句名言："风没动，帆也没动，是心动。"心理学家说："你眼中的世界是你想看到的世界；你做出的反应，不仅是外部因素的导引，更是内心欲望的驱使"。

"生活"这场斗争的结局终归是自由和理性的胜利，因此只要自己认为是正确的事业，就应当坚持下去。要以真诚、坦荡之心去生活，开创自己的一番事业。成功与否，固然无法预料，但即使失败也并非一无所得。一个人想以单纯的旁观者来感受、研究社会是荒唐的，只想做个旁观者是什么也得不到的。一个人自己有所行动，才能了解别人的行动，要学到东西并进而有所成就，必须从实践开始。

有人问古希腊思想家阿那哈斯："什么样的船最安全？"阿那哈斯说："那些离开了大海的船。""哦，我明白了，离开道路的车辆，离开战场的士兵，同样很安全。""是的，但是有多少人愿意这样做呢？"

不走路就不会摔倒，穿不出海就没有危险，但船离开了大海也就没有了存在的价值。

事实上对于一个人来说，最不堪忍受的莫过于处于完全的休息状态，没有激情而又无所事事，更不会被累着。这时候他就会感到自己虚无、沦落、无力与空白，相应地在灵魂的深处马上就会产生无聊、阴沉、悲哀、忧伤、烦恼、绝望的情绪。

和夸夸其谈相比、脚踏实地行动往往更为艰难，甚至是令人尊敬的。虚张声势的姿态，可以产生更为气势庞大的场面，虽然它是虚幻的。之所以有人虚张声势，是因为他们急于求成，渴望很快得到骄人的成绩，并引起众人的注视。他们能像演戏那样轻易实现，并且引起大家的喝彩。至于积极的行为——那是切实的工作和十足的耐心。可以预见，就在你无论如何努力也没有走近目的地，甚至似乎反倒离它愈来愈远的时候，您会突然达到目的，清楚地看到冥冥中奇迹般的力量，那就是永远在暗中引导你行动的力量。

过去我常常会向父亲抱怨自己的工作辛苦，而父亲总是会用自己的经验告诉我："孩子，我现在已经80岁了。我想告诉你没什么好担心的，只要肯吃苦就没有'困难'两个字！"当我工作顺利时，他用经验告诉我："孩子，人生有很多的路要走，有时候路是崎岖坎坷的，而有时候则是平坦的大道，什么路都有。无论你现在走在什么路上都不重要，因为这都是暂时的，为自己的心灵预留一条不好的走的路，你才能应付所有的问题。"在得意时想及失意，让人保持进步；在失意时想及得意，顿时充满勇气与力量。这就是生命的真谛。

整个社会的变革不可避免，不仅因为条件在变化，虽然这是原因之一。而且生命本身也在变化，我们都在变化，都随时代的前进而充满活力地发生变化。新的感情在我们心中升起，旧的价值观念不在了，新的价值观念萌芽了。我们过去以为是迫切需要的东西，今天已不再能引起我们的关注。过去我们的生命赖以寄托的事物，如今已经不知去何处寻了。这一过程是痛苦的，但却也是必然和社会进步的结果。

你或许可以注意到这样的景象：蝌蚪在水中欢快地摆动着尾巴，它身上最可爱、最轻快、最活跃的部分就是小小的尾巴，它的生命力就表现在它的尾巴上。当尾巴开始脱落、长出小小的四肢时，蝌蚪一定感到很难过，它不得不失去尾巴了，这对它来说的确太痛苦，但是出现在草丛中的小青蛙却是一个跳跃高手和扑捉害虫的能手。

记住好事，忘掉坏事。你的心情不是取决于你是否遇上好事或坏事，而是取决于你是记住好事还是坏事，其次学会适当地幽默一下，对自己如此对他人也是这样。

在工作中有一些适当的的幽默可以化解冲突和活跃气氛，也可以振奋精神或缓解压力。并且它是低成本，甚至是无成本的，我们没有任何理由不去使用它。然后要有积极的自我暗示，我们要多对自己说一些："我行！我能完成！我很坚强！我不惧怕压力！我喜欢挑战！"少对自己说一些："我不行！我太差了！我受不了了！我要崩溃的话"。

悬崖上的花我们也许采不到，但我们依旧能够闻到它迷人的芬芳，这就要求我们调整自己的人生态度，活出高质量的生命。我们无法延长生命的长度，却可以拓展生命的宽度。一本让人受益的好书，也许就是一次生命的拓展。在一本又一本的书里，从一个地方走向另一个地方。人生的积淀，可行万里路，亦可读万卷书。

置身于创新、竞争和快速发展的现代社会中，不可能事事都能顺应我们的心意，我们要学会不断的调整自己，学着适应、坚强、学着在逆境中成长。有一些东西我们要调整，但有一些东西我们必须坚守，不能因为一次欺骗而失去诚信，不能因为一次挫折而失去目标，不能因为一次恐吓而失去善良。

第八章
智慧主宰成功

　　没有人会否认，智慧主宰世界！智慧是推动人类进步和发展的神圣之手。但是却很少有人认识到我们自己的头脑也是这种"宇宙智慧"中的一种。就相当于太阳的射线也是太阳的一部分一样。如果我们能够与自然之道和谐相处，我们可以从中获取所有的力量和无穷的智慧，就相当于太阳发射出来的射线从太阳中获取光和热，并把它们带到地球上一样。

◆ 知 识 就 是 力 量

人们常说："知识就是力量。"这句话对，但也不对。知识、智慧，都只是抽象的存在物。如果说知识、智慧是力量，那也只是通过某种媒介展现出来的力量。这种力量是静止的，死的，本身没有多大价值，因为其作用还没有发挥出来。这种状态下的知识和智慧，还不如一个能够救人一命的馒头价值高。而知识、智慧又确实是力量，且这力量是无法估量的。只有通过人类，其能量才能发挥出来，只有在这种状态下，知识、智慧才是力量。同理，了不起的不是蕴藏在我们心中的力量，而是将这种力量发挥到极致。

从前有个读书人，书读得多了，有些迂腐，因为他不管做什么事情，都喜欢引经据典，用他自己的话来说，就是"不违古训"。

有一天，他家里失火了，他的嫂子气喘吁吁地对他说："速喊你哥哥救火，他在隔壁二叔家下棋。"

读书人出了大门，自言自语道"嫂嫂叫我速速，圣贤书上不是说过，'欲速则不达'！我焉能速之！"于是，他慢慢吞吞地走到了二叔家，一见哥哥正在兴高采烈地下棋，便默默地立在哥哥身旁观棋。等到一局下完了，他才说道："哥哥，家中失火了，嫂手叫你回去速救！"

他哥哥一听，气得浑身直抖，骂道："你在这里立了半天，干什么不早说？"他指着棋盘上的字说："兄不见此棋盘上写着'观棋不语真君子'吗？"

他哥哥见他还在假斯文，脸色铁青举起拳头要打他，但又缩了回来。他见哥哥缩回拳头，反而把脸凑了过去，说道："哥哥，你打吧！棋盘上不是明明写着'出手无悔大丈夫'，你怎么又把手缩回去了呢？"

看这个书呆子弟弟，哥哥简直哭笑不得，实在不知道该怎样和他解释这其中的道理。

无论是在古代还是现在，只知道教条搬用书本知识的人，永远也不会具备独立生存的能力。知识不代表智慧，因为知识是死的，只有把知识和实践相结合的人，才能真正地发挥出他的聪明才智。

一个只知道啃书本却不懂得实际操作的学生，和一个虽然没有机会上大学却在残酷的生存竞争中熟知人情世故的文盲相对垒，前者显然是要打败仗的。

一个初出茅庐的书生常常会不知道自己的真实分量，他往往生活在一个理想的王国里。但我们所生活的这个真实世界，往往并不在意他拥有多少高深的理论和渊博的学识。时代的弄潮儿并不是那些满腹经纶却不通世故的人，而是那些能适应现实的人。

所以说，知识不等于智慧，掌握了一点书本知识就自以为是、沾沾自喜的人不知道天高地厚，这样的人永远也不可能取得真正的成功。只有经过现实社会的磨砺，从社会经历中获取技巧和智慧，才是初出茅庐的人的最好选择。

只有经过思考这一中转站，人类才能将心中的静态的力量转换为动态的力量，将力量释放出来。为什么前台一个月工资2500元，而经理却每月25000元呢？答案很简单，区别就在于他们一个动用了思考的力量，发挥出了自身的潜力，而另一个显然很少通过思考和潜能。谁是能发挥出潜力的人？答案显而易见。或许那位前台比那位经理要聪明，智商更高，受过的教育水平也更好，但有一点前台是比不上那位经理的，那就是他不懂得如何使用自己的聪明才智，不懂得如何使用思考的力量和发挥自己的潜能。而正是这一点决定了成功和失败。

◆ 智慧的力量

在这个世界上并不是最努力的人取得的成就越大。若是想获得成功和进步，努力的方向和所付出的努力同样重要。这就如同在波浪翻滚的大海上游泳，要想游得最快最好顺着海浪的趋势。

所有获取成功的人都懂得顺应自然规律，借助自然的力量。懂得这个道理的人，做事情定会事半功倍，反之如果逆水而上，违背自然规律，即使付出再多努力也收效甚微。那些做事不讲究方法，丝毫不考虑要顺应自然规律的人，通常都会活的很累且一事无成，更别说取得什么成就了。据调查发现，导致成功或失败的因素除了日常的繁琐工作以外，平均有90%都不依靠一个人刻意的努力。发挥自己的聪明才智，拥有懂得顺应自然之道的"宇宙智慧"，才是成功所必需的；做不到这一点，那就只能吞咽失败的苦果。

一旦当你拥有这种"宇宙智慧"，哪怕是仅仅只有一点，也能够呼风唤雨，也会让你马上变得与众不同。一旦拥有这种智慧，恐惧和担忧就会消失于无形，成功和快乐很快会随之而来。

一直以来，辛苦、烦恼、乏味和疲倦等等，在折磨着我们。如果我们还不知道运用我们的智慧，那么它们还将在未来继续折磨我们。不知道运用智慧，不知道抓住问题的关键，就会一事无成。

智慧主宰世界！最大限度地运用你的智慧，并不是说你有意识地去用它就够了，更意味着要有能力深度发掘隐藏在你内心中的智慧。罗伯特·刘易斯·斯蒂芬森说这是"精神盲点"，你要做的就是：为了一个明确的结果付出坚持不懈地的努力。一直以来，我就想着要就人类的双面性写一本书。有两天我一直在想办法在我脑中构建某种图像；第二个晚上，我梦到了哲基尔医生（英国小说《化身博士》的主人公）和海德先生在我的窗口的情形在另外一个场景中，一个人分裂为两个，海德在这个场景中拿起武器，并且经历了他人生追求的改变。

还有很多著名的作家都曾谈到过相似的紧张感，而且几乎所有人在有很棘手的问题需要解决时，都会有类似的体验。有的时候，当你把一个问题从每个角度都研究一番，你会觉得思维更混乱了。遇到这种情况，不妨将这个问题暂且一放，不再想它。过一段时间再来思考，你会发现思路变清晰了，问题也就迎刃而解了。这就是你的"精神盲点"在发挥作用，它为你做了你没有意识到的工作！这些天才的灵感火花并不是从你头脑中来的。通过集中自己的注意力，你就能够在自己的头脑中建立起一套关于宇宙的完整体系，而你的灵感，正是来源于此。人们所有的天赋，所有的进步，都来自这同一个本源。

多蒙特在《领导的智慧》一书中说："在我们每个人的内心深处，这个世界上有着这样一种力量，它就是那些数不清的精神盲点，或者说是那些渴望、期待着为我们的精神上的工作进行帮助的帮手。而只要我们有充分的信心并且能够信任它们。为你内心深处的精神世界提供帮助的过程，就如同我们坚持不懈地想要回忆起那些已经被我们遗忘在脑海的角落里的名字和事实。我们常常会发现我们怎么也想不起来一些往事、日子、人的名字，这时候，我们应该让我们的内心帮助我们找出答案，而不是绞尽脑汁地去一直努力的干想。'帮我回忆那个名字。'然后就该做什么就做什么去。几分钟之后——或者几小时之后——忽然灵光闪现，砰！想起来了！你所需要的信息生动地呈现在脑海中。这就是你内心世界闪出的火花，是你那可爱的帮手，被我们叫做'精神盲点'的帮了你的忙。这种体验是很常见的，所以我们常常见惯不惊，甚至忽视它的神奇之处。但实际上这是你头脑里深层意识在为你服务的神奇完美的表现。停下来想一想会发现，那些想不起来的事情并不是自己一下子蹦出来的，而是在潜意识里有了一个加工的过程，然后才从潜意识浮现到表层意识中，供我们所认识和使用。"

如果说你的能力有什么局限的话，那么这唯一的局限也是你强加上去的。"宇宙智慧"能够提供给你的方法和想法像天上的星星一样多。利用它们，好好地利用它们，把它们当作上天的赠予而大胆地使用。杰西·B·瑞汀郝斯有一首小诗，很好地描述了大多数人在我们自己身上所加的局限，这首诗是这样的：

我为了一便士与生活讨价还价，生活并不会多给我一分钱，

尽管如此，我还是在夜晚数着我那贫乏可怜的储藏，并向上天乞求。

生活只是一个雇主；你要求什么，他给予什么。

一旦你定下了固定的酬劳，那你只能忍受着相应的工作，

像仆人一样工作，忙碌而无所作为。

终于我沮丧地发现，原来不管我向生活要多高的报酬

生活都会将它实现，只是我最初要求太少。

◆ 智慧主宰世界

每个人生来就有无穷的智慧，而问题的关键在于我们运用智慧的能力有多少。如果你在数学运算方面不够出色，那么想对数据进行有效地收集就会成为一个难题，而更加困难的就是对这些数据进行总结并从中得到正确的结论。而当解决每个问题的方法都被指出之后，你就必须努力地将这些方法付诸实践。解决问题的理论就摆在你的面前，但是你知道怎样正确地把它们运用于实践当中吗？

所以，第一要义是理解这些理论——理解它们是怎样运作，怎样发挥作用的——以及如何应用它们。然后接下来——也是更重要的一点——运用它们来解决你手头的问题。

这些关于无限能量之开发、无限资源之供给的理论在任何情况下都是行之有效的。但是这些能量和资源是静态的，想让它们为你所用，必须将它们转化为动态的。理解这些原则，然后将它们应用到现实中去解决贫困、混乱和疾病等所有难题。科学的发展表明了：

我们有能力成就任何好的事情，但是对自己实现目标的能力的质疑，常常会成为阻碍成功的绊脚石。只有当你懂得在这个世界上只有一种力量——这种力量就是智慧，而不是任何外界的东西——你才可能将你深层的潜能发挥出来，为你自己，也为这个世界创造无限的价值。

　　没有人会否认，智慧主宰世界！智慧是推动人类进步和发展的神圣之手。但是却很少有人认识到我们自己的头脑也是这种"宇宙智慧"中的一种。就相当于太阳的射线也是太阳的一部分一样。如果我们能够与自然之道和谐相处，我们可以从中获取所有的力量和无穷的智慧，就相当于太阳发射出来的射线从太阳中获取光和热，并把它们带到地球上一样。

　　仅仅知道我们拥有这种力量是不够的，你必须把它们运用到实践中——不是一次，也不是两次，而是每一天每一刻。如果在开始的时候遇到了挫折，千万别灰心。当你刚开始学习数学的时候，做题也常常做不对，却从不会去怀疑数学原理，你知道错误出在运算的方法而不是数学原理上。而在这里，这个道理同样适用。它的力量就摆在那儿，正确地运用这种力量，你就可以攻无不克，战无不胜。

◆ 宇宙智慧的无限威力

从人类刚刚诞生到现在，社会发生了很大的变化。这一切都是"宇宙智慧"在起作用，而这么大的变化，第一步就是是勾画出所要建造的东西之蓝图。

而这恰恰也正是你现在所要做的。你要学会掌控你的命运、未来和人生——在最恰当的地方，以最恰当的方式追寻人生的快乐，将它们具体化、形象化，真正的领会它们。尤其重要的是，你在任何时候也不要有一丝一毫的担忧和恐惧，那都会使它们的完整和美丽受到损伤。你的思想品质高下是你能力的最好衡量标准。清晰而有说服力的思想能为你带来你所需要的力量，这种力量将会为你带来巨大的成就。W·D·沃莱斯在《富人的秘密》一书中这样写道：

"我们的世界上所有万物都来自一种资源，在最原始的状态下，它就能够渗透、弥漫直至充塞到整个宇宙中的所有地方。这种资源就是我们的思想，物质世界中被我们创造出来的一切都来源于我们思想上的想象。人类可以在自己的脑海中创造一个事物，然后用那些并不成形的物质来重现他脑海中的形象，继而就可以把自己想象出来的事物在现实世界中创造出来。"

思想是维系我们的内心世界和整个宇宙之间联系的纽带，每一种伟大的思想都是美好和进步的，都凝聚了无数正确无误的想法和观点，都能渗透到我们的"宇宙智慧"中。反过来，"宇宙智慧"又能帮我们实现渗透在它里面的思想。这根本不需要你去想什么特别的方法或手段。你的"宇宙智慧"自然而然的会为你想好你想要的结果，事实上通往最终的正确道路常常是单行道。如果这时候你正常的判断力已无法告诉你正确的选择，那么你就应该让自己的"宇宙智慧"来指引你。永远不用为最终的结果担心，因为只要你跟着"宇宙智慧"走，你就不可能会犯错。

要记住在获取"宇宙智慧"的力量时，你的头脑只是一个领导者，不管是好的还是坏的思想才是与其紧密联系的能量。好好运用你的"领导者"身份，慢慢提升它的"领导才能"。你的要求越高，所获得的回报才会越大。宇宙中的任何一种天赋都不会对努力的人吝啬。

"要求然后你就能得到回报，探究然后你就会有所发现，鼓起勇气敲响那扇门，它就会径直向你开放"，这就是生命的法则。一个人的命运并不总是要挣扎在贫困和苦难中的，它的真正意义在于努力地在"宇宙智慧"上获得更多的突破，以至于在获得能够支配宇宙的伟大力量上获得突破。把生命中的一切不如意和困难当作是上帝的安排，并且总是"认命"的人无疑就是一个懦夫。上帝赐予我们的一切实际上都是美好的，也就是说上帝总是会给那些在困境中挣扎的人以战胜困难的勇气和方法。疾病和贫穷并非上帝所愿，它们是上帝试探一个人是否软弱的试金石。上帝赐予我们用来实现梦想的一切条件，并期待我们自己去发现和利用。

假设你有一个心爱的儿子，你给他提供优越的环境和资源，只要他自己努力就可以达到目标，但是他却食不果腹、衣不蔽体，仅仅因为他自己不思进取，白白浪费了这优越的条件，你会高兴吗？一定不会！所以我认为上帝对人类亦是如此。

人类终其一生所要追求的信仰就是一窥"宇宙智慧"的真面目。这种智慧深藏于人类的思想中，它强大的力量至今还没有被人们广泛认识并接受。正如所罗门那句古老的真理："用你的所有智慧，去了解这个神秘的世界吧！"

◆ 让智慧为你服务

"用'精神盲点'这个奇怪的比喻来描述每个人的'潜意识储藏室'是最合适不过的了。如果你想掌握如何利用'精神盲点'来为自己服务，你可以先对'潜意识储藏室'中储藏的各种各样的知识作一个图表，这些知识不仅来源你的生活经验，还有一些来自种族心理的传承。我们将获取的信息储存在'潜意识储藏室'中时，他们只是杂乱无章的存放在那儿，而没有进行任何系统的分类或排列；因此当日后你想将这些储存起来的信息再找出来时，可能已经被你遗忘了。这种时候你就不得不求助于精神中的'盲点'了，而这些盲点恰恰忠实地反映了你的内心世界，'帮我把它想起来！'这些'盲点'从本质上来讲同那些在第二天要赶早班火车时，将我们在凌晨4点叫醒的东西是一样的，它们会和你的生物钟配合的很好。这同样能提醒你记起一些约定，例如'我两点钟和某某碰面'，如果你提前几分钟到了，那么你一定会看看时间。

"若你想要就某一感兴趣的课题进行深入研究，首先经过形成直观印象，然后把观察的结果与潜意识中的储藏相关联，你会发现你的'精神盲点'帮你把原本未经加工的粗糙的原材料在很短的时间内加工为可以直接使用的产品。它们会把你传递过来的各种详细的信息加以分析和整理，使之系统化并以符合逻辑的顺序排列，而且会把原本储存在脑中的与之有关的各种信息都调出来以供参考。这样它们就会把散乱的甚至原本遗忘的信息都聚集到一起。其实我们也可以这样认为：你永远也不会完全忘掉任何记在及中的东西。也许有时你会想不起一些事情，但那不意味着这些信息丢失了——有时过一些时间，你忘记的事情又被想起来——这就是你的精神盲点帮助你。记住汤普森的名言：'与其要浪费时间等着那些无意识的过程的完程，我通常都选择提前把那些杂乱的信息收集好，然后让大脑自己去消化，到我需要用的时候它们就自然而然地出现在我脑中了。'这种在潜意识中发生的'消化'过程，正是'精神盲点'的功能所在。

"想要'精神盲点'发生作用有很多方法。虽说这个过程一般是不为人所意识到的，而且常常没有什么明确目的。也许让普通人达成愿望的最佳选择就是明确地知道需要什么信息，在头脑中有一个明确的概念。然后让这些念头总在脑中起伏，让意识去不断接近，给予它充分的自主性，你再将它们交付与潜意识来思考时，要伴随着这样的命令：'帮我搞定它！我要正确答案！'或是其他类似的命令。你可以只在心里默念这些话，也可以把它们说出来。然后就把这些抛在脑后，暂时忘掉它，先去做别的事情。结果在预期的时间内，你需要的回答就出现了——在头脑中电光石火般一闪——也许直到最后一刻你必须做决定，或者急需这个信息进它才会出来。你可以给'精神盲点'一个明确的命令，让它在某一时刻提醒你，正如让它们在早上叫你按时起床一样，或让它们提醒你某个重要的约会。这些都是可以做到的，只要你的意识得到了系统有效的训练。"

理查德·哈丁·戴维斯写过《永不失败的人》这本小说。小说主人公无比的热爱赛马，当他了解了每匹马的过去和现在的表现时，他会就比赛结果作出"预测"。每次在大型赛事之前的一天，他都会躺在一张舒适的椅子里，考虑着第二天的比赛，然后带着这份思考沉沉睡去。自然而然的，他的潜意识会继续着对比赛结果的"预测"，并且最终他恰恰会在梦境中猜到比赛最精准的结果。当然这只不过是小说中虚构的情节，但是如果赛马真的只是比较马匹的速度和耐力，我们是完全有可能用这种方法准确地预测出比赛结果的。不幸的是现实生活中所有涉及赌博的竞赛，都不可避免地要受到各种场外因素的影响。但是小说背后的思想其正确性却是毋庸置疑的却是千真万确的。

和你的意识世界联系的方法有两个。

第一，让你的大脑中充满和那些问题有关的信息，哪怕再细微也不要放过；然后去找一张椅子，沙发或是床……总之能让你舒舒服服的姿势；第二，让你的大脑凝神思考片刻——既不要焦虑，也不要担忧，保持彻底的平静——然后让你的潜意识为你去考虑剩下的事。告诉它："现在轮到你上阵了，这些都是你的责任，你能知道所有的答案。现在帮我解决这个问题吧！"

如果可能的话，接下来就是彻底地放松，或者去睡一觉，至少也应该闭目养神一会儿，半梦半醒的状态能够使得其他杂念对你的意识打扰降到最低。像阿拉丁做的那样，召唤出你自己的神灯精灵，把你的命令交给他。接着你就可以彻底忘了这件事。你要对你的"精灵"放心，相信他一定能完成你交给的任务。当你再醒过来时，答案已经在那儿了！你会发现在你即将睡着的那个瞬间，问题就已经有了答案。

当然，并不是每个人在初次或头几次尝试时就可以成功地运用潜意识的力量，想掌握这种方法需要对此有深入的理解和坚定的信心。

正如做数学题时需要理解和相信那些运算法则一样。

在伟大的"宇宙智慧"中，存在着对所有问题的正确解答，不管是多么复杂的问题，还是一个简单的疑问，在"宇宙智慧"中总有答案。既然这些答案都是存在的，那么探求答案并加以证明的方式也一定是存在的。也就是说，只要你愿意，你能将每件事情都做到最好。

不管你需要知道什么你都一定可以知道；不管你需要做什么，都一定能够做到。前提是，你愿意寻求"宇宙智慧"的帮助，并愿意听从"宇宙智慧"的指引。每天晚上，都抽出一点时间对这种方法加以练习，你就能解决各种困扰你的问题。

◆ 使"假设"创造价值

在欧洲没有一位水手不曾对大西洋彼岸充满遐想,但直到哥伦布的出现,才发现了新大陆。从树上落下的苹果经常砸到人,但只有牛顿据此研究出了地球引力定律。人们渴望在夜晚来临以后到睡觉之前的这段时间里,黑暗中能够有和太阳光一般耀眼的光芒,但直到爱迪生发明了电灯,人们才实现了这一愿望。

成功永远属于积极采取行动的人。假如事情仅仅停留在"假设"阶段,那就永远不会创造价值和发现新事物。一味地坐着空想,永远也不会得到财富,也不会前进一步,只有将想法在实践中努力行动,才能迈向成功。凭空遐想不能创造任何价值,当你还在那里空想的时候,不少人早已经果断地迈步前进了,这就是你没有别人优秀的原因。

我们每天不知道要说多少个"假设",在我们的头脑里不知道生成多少个"假设的结果",我们喜欢想像如果自己成功之后的喜悦,我们像期待着明天初升的太阳一样期待自己的新生和成长。成功的人各行各业都有,甚至每天都有人成功,但是享受喜悦的人却不是你,因为成功的总是别人。每天的太阳都会从东方缓缓升起,然而我们却仍旧和昨天一样平庸无奇,生活和事业未曾有过一丁点儿的改变。我们也会不停地问自己:"究竟是怎么回事?我也想成功,我也想实现自己的理想，我也想和别人一样不停地进步和成长。可为什么我的想法总是不能实现呢？"

在一次员工大会上，总经理让全体员工站起来，看自己的座椅下面有什么。员工们纷纷起身，结果每个人都在自己的座椅下发现了一张钞票，有的是几美元，有的甚至是上百美元。怎么回事？茫然的员工们小声地议论着。

总经理说："你们看，如果你们坐着不动，就永远赚不到钱。"

如果不被付诸实践的话，想法永远都只会是想法。空有一肚子的想法而什么都不敢尝试的人，被善良的人们称为"空想家"，而有的人则会毫不留情地把他们称为"只说不做"的家伙。我们不能否认这些人的想法有时候十分伟大，令其他人望尘莫及。然而当人们等着他们把这些伟大的想法变成现实的时候，却会大为失望，且开始报有的希望越大其失望也就越大。这些人的"假设"被描述得天花乱坠，很吸引人，但是人们最后却越来越失望，直到人们便不再对他们的"假设"抱有任何希望了。

"空想家"的代表莫过于莎士比亚笔下的哈姆雷特。"忧郁王子"哈姆雷特关于人生的思考可谓崇高伟大，他对人性的研究可谓深刻独到，可是人们却不得不以既同情又愤怒的态度对待他。人们在喜爱哈姆雷特之余，又不得不痛恨他在现实环境中的裹足不前。哈姆雷特在思想上超越了任何人，可是他失败了，因为他从来就没有实践过自己的想法，他的思想除了使他更加痛苦之外，没有给他带来任何有意义的价值。最终哈姆雷特倒在了仇人的剑下，他关于拯救人性的理想也灰飞烟灭，他一直苦苦思索的"人究竟是生还是死"的问题，也随着他的死亡而不再有人关心。在崇尚实干和注重实际业绩的现代商业社会中，空想而不务实的结果更被无限扩大了，所以我们只能果断地行动起来，否则这个社会将会抛弃我们。

"假设"不会创造任何价值，除非它得到了切实有效的执行。不把"假设"实践到现实生活和工作中，无疑于纸上谈兵，最终必将一事无成。有了想法就要在合适的时机付诸实践，因为一旦错过了时机，再好的想法也只能成为一个美好的回忆。你可能一直不明白，自己为什么没有被提升，而是提升了别人。因为你一直都认为，而且你也能够确信：你的每一个想法几乎都比被提升的的同事高明。你可能也曾经埋怨过，自己一肚子的"想法"，为什么公司却不给自己升职呢？我想现在你应该理解公司的做法了，只要你客观公正地想一下，你就会发现同事的想法虽然不见得比你的好，但是他却将每一个想法都付诸实践了，而且他的行动已经已经为公司创造了效益。公司自然不会忘记为公司的成长创造价值的人，而且是否升职也是以此为根据的。所以，你现在仍旧抱着各种"假设"留在原地，而你的同事带着"假设后的结果"而随着公司不断成长和晋升。

也许你还会抱怨没有机会实施自己的绝妙想法，要知道机会只属于那些时刻准备行动的人。当幸运女神发现人们没有准备好迎接她的时候，也会突然离开，放弃眷顾和垂青没有准备的人。优柔寡断的空想只会让机会从眼前溜走，而如果不做改变的话，你就只能原地踏步的过一生。也许当你正在筹划一个自认为极其伟大的想法的时候，成功的机会已经开始向你招手。行动起来吧，成功在召唤！

约翰·洛克菲勒先生发现美国的石油资源丰富，但炼油工艺十分粗放，导致产品质量极差，使用不安全。最后的结果是，虽然美国的很多家庭都需要石油，但是他们却不敢轻易使用。洛克菲勒知道自己的机会来了，他与同在一个车间工作的萨缪尔·安德鲁斯合作，采用后者改良了制油工艺，创办了只有一个油桶的"炼油厂"。最初有很多人都对他们的行动提出质疑，甚至有一些人还嘲笑他们，因为他们的想法似乎还不够成熟，也没筹备到足够的资源就贸然采取行动了。面对人们的质疑和嘲笑，约翰·洛克菲勒只说了一句话，而这句话却很快就响遍了全球——"让行动来证明一切吧"。

很快他们的行动就得到了最有力的证明。约翰·洛克菲勒和萨缪尔·安德鲁斯炼制的石油质量很高，生意越来越好。20年之后，这间当初的厂房和设备不超过100美元的小炼油厂发展成为一家标准的石油公司，资本总额达到9000万美元。洛克菲勒先生成了石油巨头，也成为世界上最富有的人之一。

无论对于个人，还是对于一个公司来说，要想获得成长就必须抓住机会马上行动，不要再让事情停留在"假设"阶段了，行动起来吧！使"假设"创造价值，惟有如此才能使自己在行动中不断获得成长，才能使自己越来越成功。

◆ 走向成功的智慧法则

奇妙的宇宙精神蕴含着无穷的结果和实用性能量。心灵是一种精神智慧，同时它也是以物质性存在的，那么我们如何分化精神形态？又如何得到想要的结果呢？

物理学上的电功效是这样说的："电是一种运动的形式，它的功效取决于它的运动方式。"我们所拥有的力、热、光、电、声音等都是电在特定的运动模式下所产生的功效，只是形式不同而已。

思想的功效又是如何产生的呢？它的产生就像空气运动产生风一样，精神运动便形成思想，不同的思想结果来自于不同的思维机制。因此，精神能量完全是我们自身思维机制的体现。

在开始使用任何一种器械的时候，我们都习惯性地查看相关的机械原理手册，以便于我们合理地操作。这就像我们在驾驶汽车之前，必须先弄清楚操作方法一样。但是，很多人对伟大的生命机制——大脑的理解却并不多。

在这种机制的指导下，人类创造了一个又一个的奇迹，因此对它的领悟成为一种必然和需要。

有句话说得恰到好处："你的信念如何，你的力量也必如何。"我们在一个宏大的精神世界中存在和生活。包罗了一切形形色色的这个世界具有无穷无尽的能量，能随时对我们的渴望做出回应。我们的存在法则决定了我们的信念和目的，这种信念应该是富于建设性和创造性的，它会产生一股无坚不摧的强大力量，这力量促使我们去实现自己的目标。

那些以为别人比自己愚蠢的人才是最愚蠢的人。我们做任何一件事都必须让每一个与这件事相关的人能从中受益，任何一种企图利用他人的软弱、无知或需求而使自己受益的举动都会搬起石头砸自己的脚。

正如大家都知道的，宇宙是由无数个个体组成的，个体是宇宙的一部分。属于同一个整体的两个部分之间是不能相互敌对的，因为只有团结才能产生更大的力量。因此每一个个体的幸福都建立在对整体利益的认知的基础上。

尽最大可能把注意力集中到任何一个主题上，同时不让自己精疲力竭，才能果断地消除一些游移不定的想法。不在任何一个无意义的目标上浪费时间或者金钱，才是最明智的做法。

只有能够有意识地迅速而完全放松下来的人才是自己的主人，那些做不到这样的人是尚未获得自由的人，仍然受到外在条件的制约。

第九章
健康是成功的基石

　　人类是生命物质的一种形态，人体内存在着健康之源。当这种健康之源处在全面的建设性状态时，人体的所有非自发官能将会表现完美。人类即思想物质弥漫在有形的肉体之中，肉体的运作受思想支配。构建健康的力量弥漫在万物之中。人类可以把自己与这种力量联系起来，使自己与这种力量相互统一。同样，人们也能够在思想中把自己与这种力量相分离。

◆ 健康的基石

健康是完美的自然官能，是正常的生命状态。宇宙中存在着生命之源；它是具有生命力的物质，万物均源自于此。这种生命物质弥漫、渗透、充盈着整个宇宙空间。它不可见的原初形态贯穿着一切，它创造出了一切形态。

形象化一点来说：原初物质就如同极其细密且具有高度扩散性的水汽，弥漫、渗透在一块冰里一般。这块冰由具有生命力的水构成，是具有形态的生命之水，而水汽也是具有生命力的水，只是还未成形，它弥漫在由自己构成的形态之中。这个形象化的比喻说明了生命物质如何弥漫在由它构成的万物之中。一切生命均源自于生命物质，生命物质就是一切生命。

宇宙物质是一种思想物质，它会根据自己的思想构建形态。它想到哪种形态就会构建哪种形态；想到哪种运行方式就会采用哪种运行方式。它无法停止思考，因此永远也不会停止创造。它必须更加充实、更加完美地展现自己。这就意味着它必须实现更加完美的生命力、更加完美的官能——即完美的健康状态。

生命物质的力量必须总是体现在完美的健康状态上。这种力量是推动万物实现完美官能的力量。

构建健康的力量弥漫在万物之中。人类可以把自己与这种力量联系起来，使自己与这种力量相互统一。同样，人们也能够在思想中把自己与这种力量相分离。

人类是生命物质的一种形态，人体内存在着健康之源。当这种健康之源处在全面的建设性状态时，人体的所有非自发官能将会表现完美。

人类即思想物质弥漫在有形的肉体之中，肉体的运作受思想支配。

当某人只思考完美的健康思想时，其肉体的内部运作就会表现出完美的健康状态。人们实现完美健康状态的第一步，是要构建出自己完美的健康概念，想象自己以健康之人的方式处理着每一件事。构建出健康概念之后，必须在思想中，把自己与健康概念联系起来，并要丢弃一切与疾病、虚弱相关的思想。

吃肉，提高得中风的几率；吃牡蛎，提高了患毒血症的纪律；吃甜点，提高了得轻瘫的几率；喝酒太多，易患痛风；喝冷水，会得伤寒；喝牛奶，提高患肺结核的几率；喝威士忌，易患血管硬化；喝汤，你会得慢性肾炎；雪茄烟会引起黏膜炎和呼吸困难；咖啡会带来神经衰竭；吸烟会减少寿命。

所以，不吃，不喝，不吸烟。如果你想生存，就要多注意啦。并且牢记着，千万别呼吸。除非你吸的是无毒的空气。

这一段话来自《笑声杂志》，作者是詹姆斯·卡提尼·查理斯。这个笑话虽然夸张，但也说明了我们的身体健康正在遭受着来自多个方面的威胁。

如果人们能够做到这一点，并对健康思想持有坚定的信念，那么就会激活体内的健康之源，使其处于全面的建设性状态，进而治愈一切疾病。借助信念，人们可以从宇宙的生命之源那里获得额外的力量，通过向宇宙之源表示感激，感谢它赐予自己健康，可以获得信念。如果某人能够有意识地接受生命之源所赐予的源源不断的健康，如果他对此心存感激，那么他必定会坚定信念。

除非某人能够以完美的健康方式运行自发官能，否则他便无法做到只思考完美的健康思想。这些自发官能即吃、喝、呼吸、睡眠。如果某人能够只思考健康思想，坚守健康信念，并以完美的健康方式吃、喝、呼吸、睡眠，那么他必然会实现完美的健康状态。

健康是以特定的方式思考并行事的结果，如果患病之人开始以这种方式思考并行事，那么他体内的健康之源就会处于全面的建设性状态，进而治愈他的一切疾病。人人都有健康之源．健康之源与宇宙的生命之源相关联。健康之源可以治愈一切疾病，只要人们遵照"健康的学问"思考并行事，就能够激活健康之源。这样，每一个人都会得到完美的健康状态。

◆ 长寿的秘密

中世纪著名的伟人罗杰·培根创作的《opusmajus》这部作品，被宾法尼西亚州立大学院长罗伯特·贝尔·伯克译为长生不老。

培根在书中说："有一种药可以重整人的身体，使其得到重生。"这本书凝聚了许多哲学家智慧的结晶。这种药可能是由亚当或者伊诺克发现的，他看到了之后就记住了，紧接着培根举出了很多因此能够成功地延年益寿的人。

据传一个凯撒大帝就是这种药的受益人，他在一百多岁的时候看起来仍然很强壮，而且充满了活力。

但是培根犯了一个常识的错误，他把"哲学家的不可言喻的光辉和宝藏"误以为是一种物质的药物，误以为是一种补药或是药剂，接着他列出了一个只有今天才有可能做到的药方。

他药方是这么写的："4℃时需回火的，海里游的，空中长的，被海水冲上岸边的，一种印度的植物，对于那些寿命比较长的动物非常重要的，还有被推罗人和埃塞俄比亚人当做事物来吃的蛇两条，把这些东西准备齐全之后，再以适当的方式加以调剂，也就是说富含矿物质的珍贵的动物了。这样一个人的寿命就会延长很多，老年人的身体状况就会得到极大地改善，衰老的速度也会变慢。

在4℃时需回火的是金，海里游的是珍珠，空中长的是花，被海水冲上岸的是龙涎香，印度的植物指的是芦荟，还有对长寿动物最重要的是成年壮鹿的'心骨'。这真可谓是珍贵的'配方'，但是今天的人却是通过吃猴腺一次来达到恢复活力的目的。两者相比较而言，前者一点也不可笑，远古时候的人类经常挖出敌人的心脏，然后再吃了它，因为他们认为这样敌人的力量就加到自己身上了。"

世上确有长生不老药，但绝不是在药瓶子里，猴腺里没有，壮鹿的"心骨"里当然也没有。培根说，造物主早已为人类准备了特殊的方式来保持身体健康，抵抗生老病死，以此来达到延年益寿的目的。他说的没错，但是他应该知道造物主从来就没有想过用药物以保持他们永远的健康。

那么我们能比我们的祖先们还长寿吗？

在我们现如今的卫生条件和预防疾病的技术条件下，关于人类寿命的增长早已成了事实。从1855年的平均寿命为39.77岁增长为1924年的58.32岁，增长了18.55岁。但是这并不是说今天的一个中年人可以期望比他的祖辈们多活18.55岁，增长的期望值只有两三年，现代的医疗技术增长的却是另一方面，出生婴孩的死亡率降低。

但请不要因此而感到沮丧，有了现代医疗技术你可以多活两三年，但是另外的一个方面却并不少。人们通常认为与命运的抗争拼搏应当是在年轻的时候。当年轻人刚刚毕业的时候，不管是做生意还是做学问，他们都认为在40岁时必须成功，否则这一生基本就不会再取得什么成就了。当40岁的时候还没有自己的事业，那么这个人回首他的一生就会觉得这一辈子完了，自己是一个失败的中年人。

人们普遍都认为成功是年轻人的专利，如果你在三十岁的时候还不曾成功，那么也就好像是你放弃了尝试的机会，大多数的商业机构都达成了这样一个共识。你看了这条招聘广告就会一目了然："现招重要的管理层人员必须在四十岁以下。"

你知道在哪个年龄段人最具价值吗？不是二十岁，不是三十岁，也不是四十岁，而是六十岁。因为重要职位的领导们，平均年龄都是五十到六十岁。

年轻，健康还有激情都是美好的东西，没有什么能够使它们重新再来一次，但是这时候的人需要目标和方向。四十岁之前他们拥有健康和激情，就缺少经验，而工作会让他们获得比金钱还重要的东西——经验。

◆ 人为什么会死呢

如果一个人每天只是翻来覆去、没有目标地过日子，那他的人生就毫无意义了。倘若希望人生是繁荣、和平与幸福，生活就不应是如此单调反复。今天应该比昨天进步，明天比今天更进步，也就是每天生命要有所成长。而生命成长到底是什么？对人生又有什么意义？

所谓"生命成长"，就是每日新鲜不断，每一刹那都是新的人生，每一时刻都有新的生命在跃动。换言之，旧的东西灭亡，新诞生的东西取而代之；一切事物没有一刻是静止的，它不断地在动、不断地在变。这是不可动摇的宇宙哲理。

由生到死就是一种生命成长，一个又一个旧细胞死去，又有一个又一个新细胞诞生出来。为了实现人类的繁荣、和平和幸福，对死亡必须有从容不迫的态度，即所谓"生死由命"的人生观，不视"死"为可怕，而是把它当做一种完美的自然法则。

生命成长的原理告诉我们：死亡，既不可怕，也不可悲，因为这是生命成长必经的阶段之一，也是万物生生不息的象征。死亡合乎天地法则，其中包含着喜悦和耐心。

我们如果能看清死亡的真谛，自然会明白如何面对每天的现实生活，每天的生活也就会保持着无限活力。

"十年如一日"，是说十年的努力就好像一天的努力那样带劲，旨在强调勤劳、努力与毅力的精神，而不是说在这过程中不要有任何进步。这种十年如一日的努力，一定会产生非常新颖的创意和进步，但假如大家的工作十年来没有任何变化，千篇一律，那就真是违反了生命成长的原理。

日本明治维新时，功臣之一的坂本龙马常和西乡隆盛长谈，坂本的谈话内容和观念每次都有一点改变，使西乡隆盛每次的感受也都不一样。于是，西乡就对他说："前天，我遇到你的时候，你所讲的内容和今天又不一样，所以你说的话，我有所存疑。你既然是天下驰名的志士，受到大家的尊敬，应该有不变的信念才行。"坂本龙马就说："不，绝对不是这样。孔子说过'君子从时'，时间不停地流转，社会情势也天天在变化，昨天的'是'成为今天的'非'，乃是理所当然的。我们从'时'，便是行君子之道。"接着又说："西乡先生，你对一个事物一旦认为是这样，就从头到尾遵守到底，将来你一定会变成时代的落伍者。"

人世万物始终在替换更新，珍惜每一刻，每一刻都是新生！

至今为止，科学家仍然没有发现什么规律限制着人的寿命。人会死的原因是成千上万，但是在生理方面人必须死的原因可谓是绝无仅有的，如果人的身体自己可以定期清除多余的部分，清除有毒物质而且能够自己为自己提供营养，那么人也许永远都能活着。

人会死的原因是身体这个机器，即使是一只小鸡也比一系列的细胞要复杂的多，可也正是它的复杂性决定了它的命运。一部分细胞受了伤，另一部分就负担了受伤者的任务。然而它们若是带有有毒血液的话，就会对身体产生极大的伤害。所有的迹象都证明即使是人由于年纪大而死掉，身体里也只有很少的细胞萎缩和消逝。可是其他的细胞在很长的时间里却是好的，总之科学证明我们的身体是由潜在、永生的细胞组成。

如果一系列或是一些细胞使身体整个机器过早的坏了，那就是细胞组织出错了，那么应该如何改进细胞组织呢？

如果身体里每个细胞组织都是一个工厂，每个细胞都是个工人，每群细胞都有一定的职责，那我们应该怎么办呢？我们会首先找领头的，我们不能吗？我们会问这领头的细胞为什么要让一组或两组细胞不工作呢？我们还要把那些衰退的细胞放入落伍的行列里，坚持让那些仍然还良好的组织工作，还要对它们给予特殊的关照。并没有理论证明，我们的身体不能这么做。

朗德·克莱夫在印度执行任务，作为上尉的他奉命带着一小队人马守卫在一个叫阿科特的小镇。突然敌人以多他二十倍的兵力，向他发动袭击，且将这个小镇团团围住。

这座小镇的护卫外墙年久失修，根本经不起对方的大炮。所有的护卫墙在敌人的炮弹落下时都被夷为平地，但是每天一旦夜幕降临，克莱夫的这些不屈不挠的士兵就会清理所有的碎片，然后再筑起一堵新墙。

就这样，他们被敌人包围了五十天。这一天他们遭到了敌人的猛烈轰击，可敌人遇到确实一堵比一堵更加牢固的城墙，结果敌人在被一次又一次地打退之后，无奈地撤走了。

你的身体也是这样，每天都会死掉你成千上百万的细胞，这样人身体的防御能力就会受到影响。每到晚上，我们身体细胞的领导者像克莱夫这种类型的人，带着细胞清理"垃圾"

，为你筑起一堵更新和更加坚固的护卫墙。即便是疾病怒气冲冲地对你发动大规模袭击，只要你每天都能清理已经坏了的"墙"，每天脸上多挂着自信的笑容，那么疾病就会知难而退。

医生们也认为年老是因为人体没能够做到淘汰掉和清除掉坏死的组织，结果是废物堵塞，新细胞不能马上替换掉坏死的组织，因此病人会一天天变得虚弱，并最终慢慢死去。

是什么原因呢？不是年龄而是态度。如果一个人活到四十岁、五十岁，或者是六十岁，他认为他已经过了人生的黄金阶段，因此他就开始灰心丧气和悲观绝望，慢慢地不再对未来抱有希望，而且真的就等死了。在等死的时候，整天为失去的青春和人生的遗憾而感慨。

不再对未来抱有希望，那么他就对他所做的工作没有了价值，对他周围所有的人都没有了价值。他的生命不再有激情，他的生活和大脑也就处在了懒散的状态。这时给予你生命的细胞缺乏动机和鼓励，也就失去了拼搏努力的动力。人们认为这个时候一个人才算是死了，其实他早就死了，当他不再对未来抱有希望的时候，就已经"死"了，不过那时候是"精神"死亡。

◆ 自己决定自己的年龄

当一个人不再期望更好的东西时，当他觉得他已经做得最好了的时候，可以说他的心已经死了。但是心死还能活过来，决定权在他自己手中。只要他对生活还有兴趣，只要他还自信，以后自己能取得比今天更伟大的成就，那么他就会重新活过来。

而"死"过一次的人，仍然会有很大的成就。别总说自己老了什么都干不了，这个问题早就被研究过了，你要想学习，什么时候开始都不晚。如果说太忙还差不多，太懒经常是这样，如果是喜欢酗酒，那么你就学不了。

实验证明，一组年龄在20-24岁和一组年龄在35-50岁之间的两组人，他们同时学一门大家非常难学的外语，年长的要比年轻的那组学的快得多。尽管大家都认为人在12-15岁时学东西最快，可实验证明成年人在很多方面都比孩子们更快。

哥伦比亚大学的桑迪肯教授说，50岁以下的人不应该对自己想学的东西没有自信心，不要害怕自己年纪太大。想学习任何时候都不算老，更多的情况下是没有机会，却不是没有学好的能力。而且就算是年老了，学习的能力会下降一点，那也不能成为不想学习和不自信的理由。

卡图80岁开始学习希腊语，汤姆·斯科特86岁开始学习希来伯语，格莱斯顿第四次当上英国总理时已经80岁了，普罗塔卡学习拉丁语时也已经80岁了，96岁的堤彻画了他的杰作，迈克尔·安吉诺89岁的时依然忙碌，一位97岁的船长还在做生意，凯罗尔在103岁的时候又使自己多了一个科学家的头衔。

在纽约居住现在已经93岁的凯瑟琳·斯图尔特太太，是从75岁时开始学画画的，现如今在绘画方面取得了巨大的成就。据美联社报道，在君士坦丁堡的奥诺·昂格利已经150岁了，他想找一份搬运工的活，可那对于他来说实在是太重了，因此市长特许其做市政府的门卫。绰森一生中都在不断地给自己找兴趣。他说："我发现生活中有许多有趣的事，尽管我已经93岁了，但我每天都还能够找到我感兴趣的事，我每天早上都要给自己列个清单。我每天都要问自己，绰森，今天你发现了什么新的有趣的事？这事的意义又在哪里呢？又有什么坏的影响呢？因此我都能够保持乐观的情绪。"

有许多人才45岁或50岁，他们就好像不再对什么事情充满激情了，这倒不是因为他们没有接受新事物的能力，主要是他们不愿意改变那些墨守成规的东西。那些老掉牙的东西已经在他们的心里深深地烙上了印记，如果要想改变就得彻底抛弃那些旧的、固定的生活方式，他们可不愿意或者是懒得去学那些新的东西。

已经70岁的老人想在纽约找份新的工作，其实本不想出来工作，因为年龄是在太大了。现在他不但工作做得很好，而且人也变得开朗了，好像又找到了年轻的感觉。他说对于人生的旅程来说，我认为我的人生远远没有结束，其中最有意义的应当是追求目标的过程。

人们将自己的注意力集中在什么上面，他就会得到什么，这是一个思维定势。如果他就守着那些传统而有害的习惯，当然就什么也不会改变。如果他还有希望，还想做出一番成就，那么他的愿望并不会因为人老了就不能实现。

如果你感觉到自己的记忆在减退，所有的东西都没有以前记得那么清楚，那么你就做些以前没做过的事，去做一些对你来说很有挑战性的事，将自己完全沉浸在新的工作和学习中，别再去想自己的年龄。老并不可怕，可怕的是心老。还有一点是，随着科技和医疗条件的提高，人的寿命也越来越长。寿命增加了，那么关于老的界限也应该相应地延后。所以，你还不老，你还能大有所为。

詹姆斯·维特卡·赖利写过这样一首诗，始终有个人在那时已经70岁了，可他有一个诀窍，能多活70年。这也是现在已经40、50、60岁甚至年纪更大的人努力的方向。活了这么长时间，想必你已经找到诀窍了吧。所以从现在开始，再活上这么多年，你一定能做到。

◆ 害怕是疾病之源

美国人民每年在泻药上的花费高达5亿多美金，他们在医药和治疗上所花费的总账单估计高达20亿美金，花费这些钱后又得到了什么呢？

我们在健康保护上的花费和买的药比世界上任何国家都多，然而我们却不属于最健康国家的行列，我们的普通市民由于疾病可能会少活10年，并且每年有50万人死于被认为是可预防或可治愈的疾病。

感冒会引起更多的疾病，甚至能导致不必要的死亡。一种十分简单的病，然而今天的药物似乎疗效越来越差，甚至不及古代的药物。为什么呢？

答案不是人们从来没有采取有效治愈的药方，而是在患病的时候心里的问题。很多人在生病之后，会害怕和恐惧。体检时的X光线，可能会让你患上佝偻病。所以要想使事情做得不出现差错，前期做好充分准备是十分必要的。

你感觉像一个两岁的孩子，具有记号的体型准备抓住世界传给你的任何信息吗？这是不对的，上千万种疾病，随时可能袭击到你，如同没有人觉得有职责的感觉。立即进行检查，了解与你身体所有不适的一切情况。

印度支那半岛所采取的卫生措施极差，所以这儿的居民害怕自己可能接触到传染源，而拒绝吃草莓、鱼、牡蛎等食物。我们的情况也好不到那里去，不就也就会和他们一样糟糕。他们现在使自己处于一种恐惧的状态，担心这种病痛所带来的可怕后果，除非科学告诉他们有明确的结果。他们现在正剥夺他们享受生活乐趣的权利，仅仅保持能够维持生存罢了。

洛根·卡勒登坚持认为，随着医学的发展，人们期望的人均寿命在过去的75年里，人的平均寿命虽然增长了，但是更多的怪病和绝症也出现了。这让人越来越害怕，越来越提心吊胆。

卡勒登博士极力反对某些机构主张每年进行定期体检。他说："我已经看到了进行手术的方法，并且实际上除了悲伤和哀痛之外我什么结果都没看到。大多数人都猜想他们自己很健康，没有什么病症，并且发现即使检测出疾病实质上也可以治疗。大多数人的生命可以被延长，即使面对无意义悲伤所带来的死亡，大体上毕竟患上大病的可能性不大。通常会发生什么事呢？在这种体系下，大多数的男人要承担大量的资金责任，并且大部分人由于资金责任的压力而不再年轻。所以一个中年男人通常是一个受害者，在大多数的例子中，如果男人们发现它们身体有不适的地方，可能会有轻微的心脏损害，肾也有问题，并且这还意味着动脉和高血压硬化的一个开始。

一位相信自己很健康的男人得知了这个报告后，他会从百科全书中查询相关资料，并且决定自己亲身接受这种死亡的检测，如果他当时没有接受这种检测的话，他可能会很健康地再活25年。所以人对疾病的恐惧是更大的一种病，它让人悲观绝望，进而丧失求生欲望，屈服于病魔。

◆ 清洁

在碘酒发现之前，每个没有及时处理的伤口都可能溃烂、化脓。为什么呢？因为没有办法使伤处保持清洁。

很多人发现到了保持清洁的重要性，现代的外科手术就是一个很好的证明。

在世界战争中最大的发现是什么呢？就是碘酒这种清洁剂。它不能治愈疾病，但它可以使伤口保持清洁，并且能在不受任何打扰的情况下继续进行治愈。

医学实际上已经解决了世界上的瘟疫、伤寒、黄热病等对古人来说是灾难性的疾病。解决的方式不是通过药物，而是通过清洁。通过所提供的纯净水，通过无数处理和排水系统。美国内战结束的时候，我们的城市就像一个污水池一样，空气也被排水池里有毒的液体所排放的水气毒害着，霍乱和其他肮脏的疾病四处蔓延。什么可以把类似于霍乱和瘟疫的疾病清除呢？不是医药和医疗，而是公共卫生！

细菌是什么呢？数量和种类繁多的它们一直围绕在你身边。如果你不害怕细菌，它们就会害怕你，不会去惹你；如果你害怕细菌，它们就会攻击你，所以如果你试着逃避它们，很可能会被传染。

只要你的身体是清洁和健壮的，即使空气中充满了你几乎可以感觉到的细菌，也丝毫不用去担心它们。

第十章
成功之路

　　什么样的人能获得最大的成功？是那些只知道捞取每一分钱而不思回报的人吗？还是那些总在努力创造更多的价值，所做的工作永远比应该做的多一些的人？当天平最终平衡时，哪怕是一根稻草也会像一吨货物一样使天平偏向一边。同样道理，多一点价值，多一点付出会使一个人或是一项生意如巨人立于矮人国一样从无数的平庸之辈中脱颖而出，依靠他们额外的努力获得相对更好的结果。

◆ 思想之路

威廉·詹姆斯说过"思考的越多，得到的越多"。因为思考可以释放能量。通过思考，你能比从前做更多、更出色的工作，获得比现在更丰富的知识。你会从亲身体验中了解到：在积极或兴奋的状态下，你可以完成相当于平时三到四倍的工作量而不会感到丝毫疲倦。精神上的疲惫比实际身体上的疲劳更让人厌倦。所以，当工作成为一种享受，你便会永无止境地奋斗下去。

也许，你曾见过一些体质虚弱不堪负重的人，他们工作时缺少热情，就连一小时的轻体力活都不能完成。但是，当他们突然肩负重责时，就开始逐渐变得强壮并慢慢地挑起身上的担子。危机不仅让你把已拥有的力量发挥出来，还会帮你激发新的能量。

你是否见过掘开马铃薯藤后下面集结成堆的马铃薯？你认为这些马铃薯有多少智慧？你认为它们学过化学或地质学吗？它能否算得出需从空气中吸收多少二氧化碳，从周围土壤中吸取多少水和所有必需的营养成分以生产糖、淀粉和醇类？任何一位化学家都算不出。你认为马铃薯知道吗？它当然不知道。它没有感觉。但它仍完成了这些事情。它用淀粉建造细胞，又让细胞长成根、支脉和叶子，然后再生出更多马铃薯。

你可能会说，这就是"大自然母亲"。但如果大自然母亲能计算出任何一位人类科学家都无法计算出的这些东西，她必然有着卓越的智慧。必定有一种无所不知的智慧身藏大自然母亲之后。这一智慧首次将生命带到这个星球之上，这一智慧衍生出各种动植物，它将风握于股掌之间——它是无所不知、无所不能的。马铃薯只是这一智慧的一种小小展示。各种形态的植物、动物和人——所有这些都只是一套庞大系统之中的小小构件。

但也有一点不同：人是万能思想中的一个活跃组成部分。他拥有其中一部分创造性智慧和力量，并且通过与万能思想和谐共处，他能无所不做，无所不有，无所不成。

这种无休止的神秘力量存在于你或任何一个人体内，藉此，你能做出令自己惊诧不已、超乎想象之事。你体内始终存在一种无所不知、无所不能的思想；这种思想与你处理日常事务不断运用的思想全然不同，但又彼此共处。

你的潜意识思想拥有其部分智慧和力量，而且借助潜意识你能得到任何你所期望的。如果你能自如地触及你的潜意识思想，你便能与万能思想进行对话。

记住这一点：万能思想是无所不能的。由于潜意识思想是万能思想的一部分，只要给予行动的力量，它将不受任何事的阻碍。如若愿望与万能思想和谐一致，你要做的便是在思想中存有这一愿望以唤起无形领域里的这一力量。

思想仅通过思考的力量进行建造。其建造物从其思想获取图形。它首先需要一张思维图像，而你坚定不移的愿望正构成了这一思维图像。

理解了这一法则便能对祈祷的力量做出解释。祈祷的结果不是由某种天意支配，上帝不会因甜言蜜语和巧言吹捧便会满足你的心愿。

但当你的虔诚祈祷形成了一个思维图像存在于你的强烈愿望和想法中，你思维之中的万能智慧——这种万能思想——便开始为你发挥作用，而正是它达成了你的愿望。

万能思想时刻在你身边。它充斥在你呼吸的空气中。它如同海水包围着海中的鱼一样萦绕在你周围。它也像有智慧的水对自身内部所有生物充满感知一样完全能感觉到你。

忙于处理浩瀚宇宙事务的思想竟能顾及我们的琐事似乎令人难以置信，因为我们只不过是几十亿生命形态中的一个。但想一下海中的鱼。海水环绕它们丝毫不成问题。同样，让万能思想环绕我们也不会有任何问题。它给予我们的力量和思想丝毫不亚于我们所获得的阳光、风和雨水。鲜有人对这一巨大力量有所了解。更鲜有人对万能思想的力量加以利用。如果你有任何不足，如果你受困于贫穷和疾病，那是因为你不相信或不了解自身存在的这种力量。这不是万能思想给你带来的问题。它为所有人提供了所有资源，并无偏颇。你要做的只是去获取。

"想得到，就要先理解"，所罗门如是说。只要你有所了解，其他一切都将纷至沓来。

让你了解你未触及、未曾使用的力量，教你简单、直接地运用它的方法，这便是本书自始至终的目的。

思想是宇宙万物的创造性法则，具体想法则为外部能量。

如同你所获得的电能取决于电力的使用机制，你所获得的思想效能也取决于你对它的使用方式。我们身上都有一台发动机，且具有无穷的动力。但我们还需将它与某些事物联系起来，赋予它一些任务，带给它工作——否则，我们会与动物无太大分别。

　　"世界七大奇迹"建造者们的机会和工具你不太可能拥有。他们首先在自己的脑海中构思出这些巨大工程，然后对它们进行细致的描绘，形成的图像极为逼真以至潜意识思想都来充当他们的助手，使他们能克服在我们看来不可逾越的障碍。想象一下建造埃及吉萨金字塔的场景，仅凭双手将巨石累加于巨石之上。想想罗德岛上的阿波罗巨像，要竖立起这座双腿之间可容航船通过的巨型雕像需要多少劳工、汗水及难以承受的辛劳！但在工具极其简陋，机器更不可想象的条件下，人们依靠思想的无穷力量建成了这些奇迹。

　　思想是有创造性的，但它必须先有赖以建造的模型。它必须依靠具体想法来提供动力。

　　在万能思想中有成千上万个比"世界七大奇迹"庞大得多的宏伟奇观。与修建米夏埃多·安杰洛和罗马圣彼得大教堂的工匠，设计伍尔沃思大厦的设计师，及建造地狱门大桥的工程师一样，你和这些过去的工匠们都有机会获得这些意念。

　　每一个条件，生命中的每一个期望都是我们思维活动的结果。我们只能做到我们认为能做到的事。我们只会成为我们想成为的人。我们只能得到我们认为能得到的东西。我们所做、所成为、所拥有的，完全取决于我们怎么去想。我们不可能表达出我们思想中从未出现过的东西。所有权力、成功、富足的秘密在于希望获得权力、成功和财富的第一个想法，在于提供了这种动力。我们必须先在自己的思想中形成这些想法。

　　大保险公司里的文档管理员，每天要面对成千上万的记录和保单，但它们依然要非常仔细地完整系统地把它们索引出来，以便于用眼睛顷刻间就可以从无数记录中找出你想要的。

文档部就像你的大脑，里面有无数个独立部分，这无数的独立部分把你大脑所接收获得的任何文档整理出来，在这些大量复杂的信息中，如何找出你想得到的呢？

以John Smith为例，你希望立刻找出一些有关John Smith的信息，该怎样做呢？

首先你以字母"S"查找他的名字，把含有John Smith数据资料的文件夹放在你的字母"S"文件里。如果你的文档内容比较大，那就应该做进一步的细分了。把"S"文件划分为Sa、Sb、Sc等等以此类推，然后把文件存放在Sm文件里。或许你需要对Smith文档做进一步划分，以便使John Smith和其他的Smith区分开来。尽可能地把John Smith的文档做的越简单越好。可能还有这种情况，在以房地产、事件、法律等其他标题下有关于John Smith的事需要记录，而这些事件又不能被放进Smith的这个文件夹中，你接下来怎么做呢？在房地产或任何Smith文件夹中标题下一个备注："John Smith的附加信息，详情请参见他的文件夹。"

这样你就有了相互对照的文件。这样你也获得了从Smith到房地产的一条捷径。一段时间后，你会发现当你看完Smith的文件，就会不自觉地回到房地产的文件中去。无论何时，这两个文件夹都是相关的，这就是联想的规律。

◆ 思维与疾病

一种流行感冒被报纸报道，且详尽地介绍了其令人痛苦的变现。几百英里之外的人与这种病原本是丝毫扯不上关系的，可仍然会出现这种症状，甚至会死于这种病，这是什么原因呢？原因很简单，这是暗示的作用。当他在看这种病的症状时就开始害怕，心里在一直想着这种症状，但越是怕的结果就越有可能出现。

仅仅是想象就得病？实在是无法想象，可事实的确如此。虽然说所有的疾病刚开始都有症状，人会变得消瘦和不舒服，甚至会很难受。这些都是从自己焦虑和担心开始的。心中想的未从自己身上表现出来之前，一直在给自己暗示。不光是这样，心中想的不管是疾病还是美好的事物，都会从身上表现出来。

有人得意洋洋地说："你错了，因为我得了一种我从来都没听说过的疾病，当然也就想不到它会产生什么后果了，所以我很高兴，一点也不担心。"确实是这样。你不知道，那是因为你的思维习惯与你的想象相结合的结果。你仅仅是想了想你消化食物的化学反应过程，那些能量和养分就已经被输送到你的全身了。你所需要做的仅仅是吃东西，后面的事就是大脑和身体各个器官的了。别人都以为是健康的食物，你却害怕不敢吃，最终潜意识给你的建议是扔了它，结果你就真的丢弃了这种食物。

我们可不能让对疾病的想象形成一种思维定势，生气、厌恶还有嫉妒都会产生一样的结果。著名的外科医生约翰·亨特就曾经说过，他的生命就掌握在那些故意惹他生气的无赖、流氓手中。后来，真的有人惹他生气，而且他竟然真的被气死了！

恐惧、厌恶、嫉妒、欲望，这些都是精神状态的东西，但却也是疾病产生的根源，一旦这些引起疾病出现，那么现在的医疗条件和药物很难治好。

1924年7月，爱伯特·麦克莱翰博士在《科罗拉多医学》杂志上发表过一片关于这个话题的文章，其中有这样几段话：

"我们心中的信仰肯定会对我们人本身产生影响，而且心中想象的也肯定会对我们产生影响，这是再平常不过的事了。"

"突然的恐惧会使我们脸部的毛细血管收缩，脸部就会呈现灰白色；尴尬会使我们脸部的毛细血管扩张，因此会脸红；悲伤会使结膜充塞，刺激泪腺活动，因此就会哭泣；神经紧张，因此头发会竖起来，而且还会心跳加速，造成呼吸困难；感到不满或怨恨，会奇怪地引起打嗝。意识的活动都会引起我们人体肌肉的条件反射。"

"那么尴尬、恐惧、悲伤、惊奇、怨恨，它们都是精神的。一个精神状态如想象或激动都会跨越精神状态与实际状态之间的代沟，对我们产生切实的影响。还有另外一种可能是我们相信自己的原因，只要涉及到我们的经验，其实精神状态与实际状态之间并没有代沟。"

"精神状态的影响对于我们来说只是所有影响中的一部分。"

"面对由于自我暗示而引起的疾病，如果仅仅是正确的认识就能治好这病的话，那么由于身体方面的疾病，又有什么能保证它能产生同样的作用呢？有的人一看见美味佳肴就会垂涎欲滴，突然的恐吓会让人心跳加速、脑袋发麻，想打呵欠时只要一张口就再也控制不住，心仪的女孩子接受自己的表白时你会觉得全身都是力气。

"仅仅听从水龙头里流出的水声，就能判断这个导管是否还管用。有很多次仅仅是决定去看牙医时，牙痛就会好很多。"

他在这片文章里还列出了治愈猩红热、风湿病和伤寒的药方，并且希望这种有"含量"的治疗方法对病人有用。他还用调查问卷的方式，调查病人是否有人已经通过他的这种方法治好了上述的疾病。

他说："可能的猩红热、慢性风湿病和伤寒的受害者按照他们的用法，已经逐渐恢复健康了。还有其他多重疾病也在数千种其他药物相互均匀配制的情况下，已经可以被治愈了。并且在病人服用完药物之前，他们服用了奇怪两栖动物的干内脏和流质的食物后就已经恢复健康了。在此之前，装饰的及其形象的一个药人用手击鼓，对于通过改变组织病态来保持为一种健康的状态来说，是最有效的一种方法。"

分析一下具体的情况，并且你将发现身体恢复健康最主要的一个因素就是自信心。如果自信心不足，自我治疗的力量就会被完全削弱。似乎由于营养不良、温度、毒药和一些其他方法，导致你已经降低了身体各个器官的能力。增强那种期望，使它扩大、增多，并且如果治疗的历史告诉你一些事情，你将完成许多疾病的治疗，即使是许多组织性的疾病。没有他们自己内在的力量去治疗任何病变的情况下，按照药物或者锻炼的疗法，你是可以痊愈的。

◆ 成功靠一种感觉

也许你曾被一种无能为力的感觉所迷惑。也许别人曾说你无法做到某件事而你就信以为真。记住，成功或者失败仅仅靠自己的一种感觉。如果觉得自己做不到，那你就真的做不到，如果坚信自己有能力做到，你就必然能做到。你必须相信自己，把选择的权利掌握在自己手中。

对自身能力有客观准确的了解，下定决心对自身才华的充分利用以及强烈的自我意识这三者之间存在着很大的差异。对于任何一个人来说，在最大程度地发挥自身才华之前，相信自己是非常必要的。我们所有人都有一些可供出售的东西。它们可能是货物、服务或是才能。当你使购买者以等值价格购买你的股票并获得利润时，你获得了更多的自信。当你看到消费者蒙受损失时，你会感同身受，如同神父看到教徒的退步，情不自禁地想去安慰他们，关怀他们，用特殊的方式帮助他们，把他们重新带回到原有的轨迹上来。如果你渴望每晚都能在自我满足中安然入睡，那就要在每一个清晨醒来时充满决心和希望！

有这样一个使人振聋发聩的谚语：

世界青睐有雄心壮志的人。成功所依靠的唯一条件就是思考。当你的思维以最高速度运转时，乐观欢快的情绪就会充斥全身。没有人能在消极的思维火光中做好一件事。一个人最完美的作品都是在充满愉快、乐观、深情的状态下完成的。

一个开朗的性格是愉快思考的结果，而不是原因。同样，从根本上说，健康和财富是乐观态度的结果。你为自己设定了生活和处事的方式。如果你给世界留下的印象是衰弱无力的，那不要责怪命运——该责怪的是你生活的方式！一个人永远不可能从怯懦的想法中获得勇气、胆量、风度这些高贵的品质，就像没人能从荆棘中发现饱满的果实。一个人也永远不可能在怀疑和恐惧中实现自己的梦想。你要做的是为设想的空中楼阁找到现实的根基——理解和信仰的根基。无论从哪个角度理解，成功的概率都可以用对自己信仰的指数来衡量。

你的周围是否充满了阻碍？你是不是觉得如果自己处于其他位置，成功的到来就会容易一些？请记住，你所处的真正的环境是在你的身体里。所有成功或是失败的因素都存在于你的内在世界里。是你创造了自己的内在世界，并通过这样的内在世界创造了相对的外部世界。你可以选择建造它的材料。如果你过去的选择并不明智，那现在你可以重新选择材料将它改造。生命的富饶在你的心里。只要还能重头再来，没有人是真正的失败者。

立刻开始去做任何你认为自己能做到的事，不需要得到任何人的允许。把你的思维集中在适合的事业上，让成功变为现实。你相信自己"可以做到"的信念让思维充满了创造的活力。幸运就在不远处等待，大胆地抓住它，占有它，那么它就是属于你的——幸运完完全全地站在你的一边。但是，如果你想得到它却畏缩、迟疑、胆怯，那幸运就会轻蔑地与你擦身而过。因为它是一匹等待被征服的脱缰的烈马，只屈服于勇敢和自信。

一个罗马人自夸说，如果给他足够的力量踩踏大地，那么整个罗马军团都会被震上天。他的勇气让对手吓破了胆。这个道理对于思维也同样适用。勇敢地迈出你的第一步，然后思维会调动它的一切力量帮助你。但前提是，你要迈出这开始的一步。一旦战争打响，你所拥有的一切内在或外在的力量都会助你一臂之力。

让你的奋斗充满激情，在你遭遇难题时提供解决的方法。你要做的是让这一切开始。"天助自助者"是人类不朽的真理，实际上，也是最简单的常识。你的潜意识中储藏着一切力量，而你的意识只是一个忠诚的看门人。你需要开启这扇门，让智慧的泉水喷洒出无限能量。如果你认识到自身的力量，并坚定地去尝试合理地利用它，那么对任何有价值的成就的追求都不会以失败告终。

那些在世界历史中留有浓墨重彩的人都有一个相似之处--他们相信自己！"但是，"你可能会说，"当我连一件有价值的事都没做过，任何事情在我手中都走向失败时，我怎么才能相信自己呢？"

如果你这样想，那你肯定不能，因为你只懂得依赖自己有意识的思想。但是你要记得有一个远远比你伟大的人曾说过："只靠我自己，我什么都做不成。是我心中的上帝帮我完成了工作。"同样的"上帝"也存在于你的心中。知道了这一点之后，你就可以利用它来实现你想要的一切。宇宙智慧中蕴含着一切的智慧，一切的力量和无限丰富的资源。只要拥有了这种智慧，对你来说就不再有任何难题。了解这一点是第一步。

但是，史蒂芬·詹姆斯告诉我们："脱离实践的信念是毫无生气的。"因此，我们进入下一步。选择一个你最想从生活中获得的东西，无论什么都可以，你知道，这对思维来说没有限定。想象一下你所渴望的东西，然后观察它，感觉它，最后完完全全地信服于它。在精神上创造出属于自己的蓝图，然后脚踏实地开始建造！也许有人会嘲笑你的想法，也许理智告诉你："那不可能！"世人嘲笑过伽利略，讥讽过亨利·福特。理智让无数的人相信地球是平的，理智也曾说过——无数的汽车工程师也因此而争论过——福特汽车永远不会开动。然而，地球是圆的，并且如今有1200万辆甚至1500万辆的福特汽车正行驶在路上。

让我们现在立即把你所得知的真理付诸于实践。此时此刻你最想从生活中得到什么呢？抓住那个想法，集中注意力，让它在你的潜意识上留有印记。心理学家曾发现，最适于向潜意识提出建议的时间是临睡之前。因为那时所有感觉都变得平和，注意力也逐渐松懈。就在今夜向潜意识提出你的愿望和建议吧。

理解"信念"的两个先决条件是强烈的愿望和聪明才智。有人曾说过，教育是四分之三的勇气，而勇气就是那些告诉你可以做到的心理暗示。

你知道，只要你有足够的渴望，足够的自信，那就可以得到想要的一切。所以今晚，就在你临睡之前，把注意力全部集中在你最想从生活中得到的那件事上。坚信你可以得到它，看着自己正拥有它，感受着自己正使用它。

每个夜晚都像上面提到的那样做，直到真正相信你已经拥有了想要的东西。当你做到了那一点，你必然会拥有它！

◆ 吸引力法则

有一句古老的格言中说"付出最多的人收获最大"，这不仅仅是利他主义。看看你的周围。交易是怎样进行的？

什么样的人能获得最大的成功？是那些只知道捞取每一分钱而不思回报的人吗？还是那些总在努力创造更多的价值，所做的工作永远比应该做的多一些的人？当天平最终平衡时，哪怕是一根稻草也会像一吨货物一样使天平偏向一边。同样道理，多一点价值，多一点付出会使一个人或是一项生意如巨人立于矮人国一样从无数的平庸之辈中脱颖而出，依靠他们额外的努力获得相对更好的结果。

这不仅仅是利他主义，这样做会获得相应的回报。比需要的付出更多，比要求的更加努力，这额外的价值才是起决定作用的关键。因为引力法则就是这样运行，我们付出了多少就会得到相应的份额。事实上，我们得到的要比付出的更多。"把你的面包抛入水中，它会以百倍偿还。"

任何事情的背后都存在着永恒的宇宙规则，而你只是这种规则作用的结果。你的思维才是一切的起因。如果你想改变这种结果，那么唯一的方式是首先改变起因。那些生活在穷困和衣食无着的困顿中的人们之所以会这样，是因为他们被周遭的环境紧紧包围以至于思维中只存在着缺失和悲伤。他们等待着短缺。他们思维的大门只通向困难、疾病和贫穷。的确，他们也希望有好的事情发生，但是他们的希望总是被恐惧淹没，永无实现的可能。

你不可能在等待邪恶的时候收获美好，也不可能在寻找贫困的过程中体会富足。"有福之人是那些抱有美好的企盼从而灵魂得到真正满足的人。"索罗门概括了这一规律，他说道："播撒的越多，得到的就越多；保留再多也是缺少，还不如大方地给予。自由的灵魂会被滋养，因为在浇灌万物的同时也浇灌了自己。"

宇宙智慧是通过不同个体进行表达的。它不断地寻找自己的出口，就好像一个充满水的大蓄水池，有源源不断的山间泉水流入其中。为它修建一道沟渠，水就会奔涌而下。同样道理，如果你为宇宙智慧修一道沟渠，让它可以借助你充分表达，它的天赋和才能就会大量涌出，而你在这过程中必然会变得丰富而博大。

这就是伟大银行家们的成功之道。如果一个国家需要数百亿进行发展，它的人民很勤劳，却缺少必要的劳动工具来提高产量，那么他们如何才能找到资金呢？这时，他们就会去找银行家，把问题交给他来处理。银行家本身并没有很多钱，但是他知道到哪里怎样来筹集资金。他会通过出售债券吸引有钱的人来集资。其实，他提供的仅仅是一种服务，但这种无价的服务让借贷双方都心甘情愿地帮他盈利。

同样道理，通过打开宇宙智慧的储藏和人类需要之间的通道--通过对你的邻居、朋友或是客人的服务--你一定也会使自身受益。你的通道开凿得越宽，也就是说你对别人的帮助越大越有价值，那么通过这条通道流向你的东西也一定会更多，你的收益也就越大。但是，如果你想从中获益，还必须充分利用自己的天赋。无论你对别人的帮助是大是小，用心去做就一定会让它起到更大的作用。不要龟缩到自私的外壳里祈祷，自私只与你自己的灵魂有关，而不牵扯到其他的人。自我禁欲或是苦行对人没有任何好处，你必须亲自去做一些事情，去利用上帝赐予你的天赋让你所生存的世界变得更加美好。如果你是一位银行家，就要利用已有的金钱去赚更多的钱。如果你是个商人，就要把所有的货物都卖掉来购买更多的货物。如果你是一名医生，你必须帮助病人从而变得更加成熟而又有经验。如果你是一名店员，想比其他人赚更多的钱，那你必须做得更好。如果你想获得宇宙更多的恩赐，就必须以合适的方式利用你已拥有的力量，为周围的人提供更多的帮助。

"在你身边的任何人都很伟大，他们可以成为你的大臣，而你们中的每一个人都很重要，要为所有的人类服务。"换句话说，如果你很伟大，那就要为其他人服务。而为别人付出最多的人也就是最伟大的人。

如果你想获得更多的钱，不是自己独自寻找，而是看要怎样做才能让别人得到更多金钱。在这个过程中，你一定也会为自己赚到更多。当我们付出时我们必将得到——但前提是，我们先要付出。

你的起点并不重要，你可能只是一个按天付钱的劳力，但你仍旧能够付出，比你所能得到的付出多一点精力，多一点工作，多一点思考。"无论谁强迫你再走一公里，和他一起走下去"。试着为你的工作多注入一些额外的技术。无论给你什么任务，利用你的智慧去寻找更好的解决方案。这样，你脱离普通劳动阶层便指日可待。通过思考，没有什么工作不能变得更完美。通过思考，也没有什么方案不能变得更加完善。因此，把你的思考慷慨地注入到工作中，时时刻刻用心思考——"是不是还有其他方法可以让它变得更容易，更快捷，更完美？"在闲暇时，阅读一切与自己工作有关的材料或书籍。在这个被杂志、书籍和图书馆覆盖的时代，任何好的材料都可以被找到。

记得在劳瑞莫的《一个自强不息的商人给儿子的信》中那个被老乔治戈瑞姆雇佣的男孩吗？乔治反对他的好意见并把他纳入苦工的队伍中，就是为了让他赶快离开。当一个月的期限即将到来，男孩以为自己已经失去了工作，便极力劝说老板购买一台机器，使得成本减少了一半，而且只需要相当于原来三分之一的工人。戈瑞姆只得增加了他的工钱并给他升了职。但是他并不满足于此，无论做什么工作，他都会想方设法地找到一些节省人力的高效高质的方法，直到他抵达了事业的顶端。现实生活中像他这样的人有很多很多，他们不甘于平庸，他们像被狗追赶的猫一样富于弹性。当狗从上面的窗户中跳下来捉它时，猫已经利用短短的下落时间完成了另一次的跳跃。等到狗赶到它跳过的地方，猫早已跳上树枝，穿街而过了。

勇敢的老丹麦船长皮特·特登斯科乔得的精神是真正的贸易精神。当被瑞典护卫舰袭击时，他的所有水手除一人幸存外全部殉难，炮弹也几乎用尽。但他勇敢地继续战斗，用仅存的发射器投掷盘子和高脚杯。幸运的是其中的一个盘子击中了瑞典舰队的船长并让他当场毙命，从而凯旋而归。现在看看你的周围，认真考虑一下怎样才能让自己拥有的东西获得更大的价值？怎样才能更好地为人们服务？怎样才能为老板赚更多的钱，为顾客节省更多？如果做任何事之前都把这些想法考虑一下，你就永远不用担心自己得不到应有的报答。

第十一章
成功总是宠爱勇敢者

在通往成功的旅途中，挫折无处不在，可以说挫折伴随着我们前进的每一步。经历磨难并非坏事，如果能拿出勇气勇敢地面对，困难与挫折过后，往往会迎来胜利和喜悦。

◆ 勇 于 行 动

　　温斯顿·丘吉尔说："一个人不可在遇到危险的威胁时，背过身去试图逃避。若是这样，只会使危险加倍；如果面对它毫不退缩，危险便会减半。绝不要逃避任何事物，绝不！"歌德也曾这样说道："你若失去了财产，你失去了一点；你若失去了荣誉，你就丢掉了许多；你若失去了勇敢，你就把一切都丢掉了。"

　　除了真正的使命感之外，行动还需要胆识。

　　胆识是一种能力，它常常与勇敢连在一起。但勇敢更多地反映在我们处于危险境地时自然而然产生的非同寻常的个人反应；而胆识却是人人都具有的一种品质。认识到这一点并付诸行动，就能有很大的进步。

　　人的一生当中，总有许多时候需要采取重大而又勇敢的行动，但大多数人总是只求稳妥而不敢冒险。其实，机会是转瞬即逝的，等你把所有的一切都看清楚之后它早就溜走了。要想成功，就必须学会果断出击。

　　我们所说的果断出击并不是盲目的，它要求你要有锐利的目光，发现别人没有发现的东西，然后赶紧抓住。

　　几乎所有的成功者都有过这种冒险的经历，大多数人不敢做的事，里面往往会蕴涵着很大的商机，能抓住，就能够成功。

1983年，伯森·汉克创造了一项新的世界纪录：徒手爬上了纽约的帝国大厦，成为一个名副其实的"蜘蛛人"。

汉克的这一成就引起了轰动。美国恐高症康复协会甚至致电汉克，表示想要聘请这位"蜘蛛人"做康复协会的顾问。汉克接到电话后，只是请他们查一下该院第1042号病人的资料。结果令所有人都感到吃惊，原来汉克就是那位患有恐高症的病人。

一般情况下，如果患有恐高症，哪怕是站在只有一层楼高的阳台上，心跳都会加速。而汉克居然可以徒手爬上帝国大厦，这简直是件不可思议的事。为了弄清事情的原委，该康复协会的主席诺曼斯来到了汉克的住所，决定亲自拜访这个创造了世界纪录的"蜘蛛人"。

当时，在汉克的住所正在举行一个大型的晚会，以庆祝汉克取得的成就。但是，在这个晚会上，吸引众人目光的不是汉克，而是一位白发苍苍的老妇人。这位老人是汉克的曾祖母。为了给自己的曾孙庆祝，她特地从100公里外的地方赶来，而且是徒步走完了全程。

一位90多岁高龄的老人可以徒步行走那么远的距离，无疑是另一个奇迹。一位记者问她途中有没有放弃的念头。满头银发的老人回答说："要一口气走完全程需要很大的勇气与耐力，但是'走一步'却不需要太多的勇气与耐力。只要我走一步，停一步再走一步，一步步地接上，这100公里不就完成了吗？"这也正是汉克之所以成功的秘密。

人类之所以能够成为万物的灵长，是因为我们有智慧。但是，也正是因为智慧，反而会成为困扰我们前进的绳索。因为，在我们做事之前，往往会把问题分析得过于清楚、透彻。而我们的内心往往是具有放大作用的，对于本身能力的认识，也往往偏低，以至于还没有行动，就先被困难吓倒了。

其实，困难远没有我们所想象的那样可怕。如果你真的鼓起勇气，就会发现所有的难题都会迎刃而解。"愚公移山"的故事想必大家都知道。有时，我们需要的就是那样一种精神。哪怕面对的是一座山，也要有把它移走的勇气。"在创业时期中必须靠自己打出一条生路来，"邹韬奋说，"艰苦困难即此一条生路上必经之途径，一旦相遇，除迎头搏击无他法，若猥琐退避，即等于自绝其前进。"

其实，很多时候，并非是因为事情太困难使得我们不敢行动，而是因为我们不敢行动才使得事情困难。在我们的思想与行动中，很多事情都是由我们的思想决定的，只有我们思想是正确的，在大脑深处形成我们可以去做这件事，我们才会去做。如果我们的大脑认为不可能去做，我们绝对不会去做。所以说，在很多情况下，都是思想决定我们的行动。但是，行动也同样可以控制思想和情绪。为了成功，我们必须要充分运用自己的个人力量，并且大量采取行动，让行动来证明我们的所思所想。

有个一贫如洗的年轻人总是想着如何能够摆脱贫穷，但又不想付诸行动，于是他每隔三两天就到教堂祈祷，而且他的祷告词几乎每次都相同。

第一次他到教堂时，跪在圣坛前，虔诚地低语："上帝啊，请念在我多年来敬畏您的份上，让我中一次彩票吧！"

几天后，他又垂头丧气地回到教堂，同样跪着祈祷："上帝啊，为何不让我中彩？我愿意更谦卑地来服侍您，求您让我中一次彩票吧！"

又过了几天，他再次出现在教堂，同样重复着他的祈祷。如此周而复始，他不间断地祈求着。

到了最后一次，他跪着说："我的上帝，您为什么不垂听我的祈求呢？让我中一次吧！只要一次，让我解决所有困难，我愿终身专心侍奉您。"

就在这时，圣坛上空发出了一阵宏伟庄严的声音："我一直在垂听你的祷告。可是——最起码，你也该先去买一张彩票吧！"

现实生活中也许没有如此愚蠢的事，但却有如此愚蠢的人。心中有好的想法却不愿或不敢行动起来，类似的事情在你身上也可能发生。想想你是不是常常渴望成功，却没有为成功做出过一丝一毫的努力？

我们应该懂得，要成功，光有梦想是不够的，还必须拥有一定要成功的决心，配合确切的行动，坚持到底。

只有下定决心，历经学习、奋斗、成长这些不断的行动，才有资格摘下成功的甜美果实。

而大多数的人，在开始时都拥有很远大的梦想，如同故事中那位祈祷者。但却从未掏腰包真正去"买过一张彩票"，缺乏决心与实际行动的梦想。在梦想一个个老去时，他们内心便开始萎缩，种种消极与不可能的思想衍生，甚至就此不敢再存任何梦想，过着随遇而安、乐天知命的平庸生活。

这也是为何成功者总是占少数的原因。了解了一些成功哲学后的你，是否真心愿意在此刻为自己的理想的实现，认真地下定追求到底的决心，并且马上行动呢？当你养成"想好了就去做"的习惯时，你就掌握了向成功迈进的秘诀。

你工作的能力加上你工作的态度，决定了你的报酬和职位。只有那些想好了就立即行动的人，他们的工作效率才会惊人的高，往往也只有这样的人，才能担任公司最重要的职务。

因此，要想获得成功的果实，光有想法是不够的，想好了你得去做。只有将想法付诸行动，并全力以赴地去做，才有可能获得成功的锦标。

在《圣经》中，耶稣讲了一个故事。

有一天，一位有两个儿子的父亲对大儿子说："儿啊，你今天到我的葡萄园去工作。"

"我不去，我不想工作。"老大回答说。

老大拒绝听父亲的话，就走开了。过了一会儿，他坐下想想，就懊悔自己的行为。他想："我错了，我不该违背父亲。我虽然说不去，可是我还是应该到葡萄园工作的。"

他立刻起身到葡萄园去，使劲地工作，借以弥补他的过失。

这时，父亲又去找小儿子，对他说同样的话："儿啊！你今天到我的葡萄园去工作。"

小儿子一口答应："我去，父亲。我这就去。"

可是过了一会儿，小儿子想："我是说过我去，可是我并不想去！你以为我会在父亲的葡萄园工作吗？才不呢。"

过了几个钟头，父亲决定到葡萄园去看看。不料，竟发现老大在园里拼命地工作，却不见小儿子的踪影。结果小儿子不守信用，违背了诺言。

讲完了这个故事，耶稣转身问周围的人："这两个儿子，哪一个照父亲的意思做了呢？"

周围的人马上回答说："当然是到葡萄园工作的那个老大。"

这个故事告诉我们：行胜于言，只有采取积极有效的行动，才能实现人生的目标。

所以说，在我们的人生历程中，无论我们做什么事，只要我们采取行动，我们就能通过自己的行为去创造一切。只有如此，我们才能够用新的眼光去看世界，才能找到我们的发展方向。

人生中的每一个挫折和意外，就如同是上帝用一个小锤子打在我们脑袋上的一次警告，如果我们继续置之不理，它老人家又会重重地敲一下。最后我们会明白每一次行动让我们成长，如果拒绝改变，才会痛苦不堪。当我们开始新的行动，一切就会变得不同。

成功大师卢克斯说过：先人一步者总能获得主动，占领有利地位。占领了有利地位就是占有了机会。机会很重要，对机会的反应一样重要。机会是种子，要用它结出胜利的果实。当把握了机会，就得勇敢地采取行动，机会稍纵即逝。再者机会对别人也是公平的，机会不等人。

机遇对每一个人来说，都是平等的，但为什么有人抓不到，有人却能利用好每一个机会呢？关键在于，你是不是积累了。捕捉猎物的时候放空枪，只能眼睁睁地看着猎物消失。捕捉猎物的本领就是及时抓住机会，发现了机会，有的人勇于向前，一触即发。有的人却因为怯懦，结果眼睁睁地看着机会溜走。

机会是这个世上最为珍贵却又最为普通的东西，说它普通是因为每一个人都会遇见它，而且不止一次；但是它同样很珍贵，因为它难以真正把握而又那么容易消逝。机会给有准备的人，在机会没有到来的时候，我们需要在等待中不断准备，然后再耐心等待，而当我们意识到它到来的时候，就应该果断地采取行动。不要奢望一切都有把握之后才行动，那样自己永远只会慢一拍，最终导致与成功失之交臂。

◆ 要有冒险精神

每个人，都会遇到生命中的难关。在别人感到无能为力甚至绝望的时候，你是否仍然能够不让自己放弃，有勇气让自己冒险试一试呢？我们每个人都遇到过不能解决的困难，这时候就要求我们拿出勇气来尝试一下。其实，只要你有决心、有勇气，那么，所有的问题便都有解决的可能。

古代波斯有一位国王，想挑选一位官员担当一种重要的职位。

他把那些智勇双全的官员们全都召集在一起，试试他们之中究竟谁能胜任。

官员们被国王领到一座大门前，面对这座国内最大、来人中谁也没有见过的大门，国王说："爱卿们，你们都是既聪明又有力气的人，现在，你们已经看到，这是我国最大最重的门，可是一直没有打开过。你们之中谁能打开这扇大门，帮我解决这个久久没能解决的难题？"

不少官员远远地张望了一下大门，就连连摇头。有几位走近大门看了看，退了回去，没敢去试着开门。另一些官员也都纷纷表示，没有办法开门。

这时，有一名官员走到大门前，先仔细观察了一番，又用手四处探摸，用各种方法试探开门。几经试探之后，他抓起一根沉重的铁链子，没怎么用力拉，大门竟然打开了！

原来，这座看似非常坚牢的大门，并没有真正关上，任何一个人只要仔细察看一下，并有胆量试一试，比如拉一下看似沉重的铁链，甚至不必用多大力气推一下大门，都可以打得开。

国王对打开了大门的大臣说："朝廷那重要的职位，就请你担任吧！因为你不拘泥于你所见到的和听到的，在别人感到无能为力时，你却会想到仔细观察，并有勇气冒险试一试。"他又对众官员说，"其实，对于任何貌似难以解决的问题，都需要开动脑筋仔细观察，并有胆量冒一下险，大胆地试一试。"

无论是在生活中，还是在其他方面，我们都需要有一定的冒险精神。克劳塞维茨说过："在战争中不冒险将一事无成。"比尔·盖茨也认为，在经营管理的环境中，"战略"几乎成为"冒险"的同义词。冒险，是一种勇气，可以带领我们走出困境。特别是当我们处于一个不确定的环境中的时候，人的冒险精神就更加成为一种稀缺的资源。因为此时，我们的信息还不完善，周围的情况还不确定，而我们也无法做出百分之百准确的判断。但是，此时如果你要摆脱困境，就必须有一点儿冒险精神。当然，只要是冒险，那么就会存在着很大的失败的可能性，也就意味着你将会付出严重的损失或者沉重的代价。所以，一般人没有勇气去冒险，但结果也只能使自己被困死在原地。

比尔·盖茨之所以可以成为世界首富，也与他的冒险性格有很大的关系。

盖茨的父亲这样评价他："在他的班级里有许多聪明的孩子，他或许不是最聪明的，但他很早就表现出令人惊异的冒险性。他的性格，字里行间都显示出他的思想非常具有开拓精神。"

正是这种冒险精神，使比尔·盖茨敢于从哈佛退学来开拓自己的事业。也是这种冒险精神使他在39岁便超越华尔街股市大亨沃伦·巴菲特而成为世界首富。

1990年，在温布尔登举行的网球锦标赛中，南斯拉夫女选手塞莱丝与美国女选手津娜·加里森在女子半决赛中对垒。结果，16岁的塞莱丝败给了加里森。但实际上，塞莱丝最大的敌人不是加里森，而是自己。

原来，由于双方的实力比较接近，比赛刚开始，塞莱丝采取的战术便是稳扎稳打，只打安全球，而不敢轻易向对方进攻。甚至在对方第二次发球时，她还是不敢扣球求胜。而加里森的战略却与之恰恰相反。她鼓励自己险中求胜，不优柔寡断。结果加里森在比赛中先是占尽先机，最后连胜两局，赢得了整场比赛。

世界上，很少有事情是十拿九稳的，多多少少都要冒一些险。如果你没有一点儿冒险精神，只能止步不前。但是，从小到大，我们所接受的教育却是减少危险性。的确，冒险的代价通常都很大。如果你失败了，很可能就会一无所有。但是，如果你想成就自己的一番事业，想拥有一个辉煌的人生，就一定要有一点儿冒险精神。因为，凡是千载难逢的机遇，或是转瞬而逝的机会，一般也都含有很大的风险性。为什么会这样呢？这要从它们的形成来看。一般情况下，之所以称之为机会或机遇，就是因为它们尚处于萌芽状态。这时，由于信息还不是很充分，因此所做出的判断也带有很大的风险性。一旦判断失误，可能就会输得很惨。但如果判断正确，也会让我们一鸣惊人。就如同我们进行投资一样，越是风险大，收益往往也就越高。

很多外国饮料商都发现，要想打开比利时首都布鲁塞尔的市场非常难。于是就有人向畅销比利时国内的某名牌饮料厂家取经。这家叫"芬乐"的饮料厂位于布鲁塞尔东郊，无论是厂房建筑还是车间生产设备都没有很特别的地方。但该厂的销售总监哈里是轰动欧洲的策划人员，由他策划的饮品文化节曾经在欧洲多个国家盛行。当有人问哈里是怎么做芬乐饮品的销售时，他显得非常得意而自信。哈里说，自己和芬乐饮品的成长经历一样，从默默无闻开始到轰动世界。

哈里刚到这个厂时是个还不满25岁的小伙子，那时候他有些发愁自己找不到对象，因为他相貌平平且又贫穷。但他还是看上厂里一个很优秀的女孩，当他在情人节给她偷偷地献花时，那个女孩伤害了他，说："我不会看上一个普通得像你这样的男人。"于是哈里决定做些不普通的事情，但什么是不普通的事情呢？哈里还没有仔细想过。

那时的芬乐饮品厂正一年一年地减产，因为销售的不景气而没有钱在电视或者报纸上做广告，这样开始恶性循环，做销售员的哈里多次建议厂长到电视台做一次演讲或者广告，都被厂长拒绝了。哈里决定冒险做自己"想要做的事情"，于是他贷款承包了厂里的销售工作，正当他为怎样去做一个最省钱的广告而发愁时，他徘徊到了布鲁塞尔市中心的于连广场。这天正是感恩节，虽然已是深夜了，广场上还是有很多欢快的人们，广场中心撒尿的男孩铜像就是因挽救城市而闻名于世的小英雄于连。当然铜像撒出的"尿"是自来水。广场上一群调皮的孩子用自己喝空的矿泉水瓶子去接铜像里"尿"出的自来水来泼洒对方，他们的调皮启发了哈里的灵感。

第二天，路过广场的人们发现于连的尿变成了色泽金黄、浓浓水果气息的芬乐饮品。铜像旁边的大广告牌子上写着芬乐饮品免费品尝的字样。一传十，十传百，全市老百姓都从家里拿自己的瓶子、杯子排成长队去接啤酒喝。电视台、报纸、广播电台争相报道，哈里把芬乐饮品的广告不掏一分钱就成功地做上了电视和报纸。该年度的啤酒销售产量比以前增加了1.8倍。

哈里成了闻名布鲁塞尔的销售专家，这就是他的经验：敢于"吃螃蟹"、做别人没有做过的事情。

勇于冒险，就是不按常理出牌，那是一种另辟蹊径的勇气。

在美国经济大萧条时，经济萎靡，失业人口众多，好多人都在靠救济过日子。多伦多有位年轻的艺术家，他的情况也不比别人好多少。由于母亲生了大病，他急需用钱。但在那样的年代，人们吃饭都成问题，又有谁会愿意买一个无名小卒的画呢。

他苦苦思索，如何才能弄到一点钱。一天，他来到了一家报社的资料室，在那儿借了一份画册。这本画册中有一张是美国最大的一家银行的总裁头像。他见了，出于习惯，随手便画了起来。画完之后，他便拿起来欣赏，感觉画得非常不错。于是他头脑里出现了一个想法：为什么不把这张画卖给他本人呢？

于是他将画镶好。梳好头，穿上一件最好的衣服，尽量让自己看上去体面些，径直来到了总裁办公室要求见他。但秘书告诉他事先没有约好的话，想见总裁是根本不可能的。这时他拿出了画说道："我只是想拿这个给他看一看。"秘书接过一看，稍微犹豫了一会儿，便让他在外面等着，自己拿了画去给总裁看。过了不一会儿，她从里面出来了，很客气地对这个艺术家说总裁要见他。

他进了办公室，这位总裁正在专心致志地欣赏着他的作品。"你画得很好，告诉我这幅画需要多少钱？"

年轻人松了口气，说这幅画值50美元。总裁痛快地答应了。要知道这笔钱在那个时候是一个不小的数目。

这就是冒险的好处。因为别人都不去做，所以你成功的机会就会大大的增加。它不仅可以让你更快地摆脱困境，还可能让你得到更多的机会。所以，一般成功都属于那些敢于冒险的人。但是，冒险并不等于横冲直撞，而是有原则的：

首先，你的行动是经过你仔细推断的，是你根据所收集到的信息以及一定的逻辑分析而得出的正确结论。当然，这样做有一定的风险，如果你判断失误，那么可能就会让自己一无所有。而如果成功的话，你将很快摆脱困境。这时，你就应该冒险试一试。只有这样，你才有可能取得突破，否则就只能在那里坐以待毙。

其次，在你进行的过程当中，可能会"险象环生"。这时，要以失败为师，不断地尝试，不要轻易放弃。不然，你可能就会与成功失之交臂了。

再次，只要一有机会就要牢牢抓住，不要因为一时的疏忽和大意而让机会在眼前溜走。在面对困难时要积极主动，而不是消极地让自己去被动挨打。

生活中没有什么事是百分之百有把握的，所有的事都存在着风险。所以我们应该有一种冒险精神，一点儿勇气。万事开头难，只要做了，你就会发现自己有能力做好。因为人类的潜能是无限的，关键是你要有勇气去挑战。当你真正拿出勇气的时候，成功离你也就不远了。

◆ 带着勇气上路

如果说一个人要想在自己的一生中不留下什么遗憾，就得有面对残酷现实的勇气。只有充满勇气才能达到理想的人生状态。对成功的迷信有时候让自己陷入虚伪的旋涡，而那些敢于面对失败，敢于面对真实的人往往能赢取更多敬意。

有这样一个问题：一条河上有一座桥，要过完这座桥需要两分钟。桥两头各有一个岗哨，每隔一分钟就有人出来查一次，不让河两边的人到对岸去。如果你有急事过河，怎样才能顺利过桥呢？

当时我被难住了，冥思苦想了很久也没有答案，后来才知道方法其实很简单：用一分钟的时间走到桥中央，在岗哨出来前，掉头向回走，这样岗哨就以为你是对岸的，自然会将你"赶回"对岸，就这样到达了对岸。

这就是所谓的以退为进的方法，生活中的很多事情都需要这样解决。人生不可能总是一帆风顺，经常会遇到各种磨难，一味地猛打猛冲并不能解决所有问题，有时甚至只会带来无谓的牺牲。为何不试着往后退一步呢？退一步海阔天空，退一步就能到达对岸。

不顾一切地向前虽然勇气可嘉，但往往有勇无谋，让自己摔得头破血流，所以以退为进，反而更加有利于自身的成长和进步。

使克莱斯勒汽车从破产边缘起死回生的艾科卡说："即使遭逢逆

境，仍该奋勇向前；即使世界分崩离析，也不能气馁。"

每个人都会遇到自己无法逾越的困难。此时，你会如何做呢？对于大多数人来说，或许会选择放弃，因为那样不会费任何力气。否则，你只能让自己在身与心的煎熬中度过。

世界上最容易的事就是堕落，就如同苹果熟了自然会掉落一样，那几乎成为人类的劣根性。但是，放弃的代价却是惨痛的，因为那样就意味着你不再得到。如果让它成为生命中的一种习惯，那么最终你将一事无成。

逆境，每个人都会遇到，但是其结果却完全不同。有的人在逆境中一蹶不振，或慢慢消沉下去；而有的人则经受住生活的磨炼，最终破茧为蝶。

爱迪生曾经说过："一个人先要经过困难，然后踏进顺境，才觉得受用、舒服。"从逆境中走出的人，心智才会更加成熟，对生活的感受也会更加深刻。如果你不能从中走出的话，它就会成为埋葬你的坟墓。

如何才能从逆境中走出呢？那就是让勇气同你一起前进。

有用一只手给人做手术的外科医生吗？也许大部分人都不相信这会是真的。但这却是事实，他不仅用一只手给病人做手术，还为病人提供整套服务。他就是著名的整形外科大夫——弗朗西斯科·布西奥。

弗朗西斯科·布西奥一生的理想就是能够成为一名优秀的外科医生，为此他也一直都在努力。聪明勤奋的弗朗西斯科·布西奥年轻有为，仅仅只有27岁，他的技术就使他在墨西哥市总院的整形外科得到了一席之地。以他现有的水平，不需要太多时间便可以开办私人诊所了。然而，在1985年9月19日，弗朗西斯科·布西奥遭遇了几乎让他崩溃的厄运。

一次高达8.1级的大地震夺去了4200多人的性命，断送了不知多少人一生的梦想。

地震时，弗朗西斯科·布西奥正在医院五层大楼自己的房间里工作，灾难发生后，他躺在一楼，身上压着数吨重的钢筋水泥板。在黑暗中，当他听到室友垂死喘息时，他同时也意识到自己的右手也被一个巨大的水泥板压碎了。他忍着剧痛挣扎着，但无论他多么努力，还是没有办法将手拉出来，他感到极度的恐慌，他非常清楚，如果没有血液循环，他的手将会坏死，那样的话，将永远失去这只手。

每挺过一分钟都是极大的挑战。不知过了多长时间，弗朗西斯科·布西奥几度清醒又几度昏迷，他的身体越来越虚弱，如果这样下去，他是坚持不了多久的。但是在废墟外，家人的决心却起了非常大的作用。他的父亲和六个兄弟加入到无数志愿者中间，用铁锹拼命地挖着废墟。弗朗西斯科·布西奥的家人一直没有失去信心。终于在四天之后，他们在废墟中找到了弗朗西斯科·布西奥。坚强勇敢的弗朗西斯科·布西奥始终坚持住了，他终于看到了生还的希望。

发现弗朗西斯科·布西奥后，现场的医务人员说，必须对弗朗西斯科·布西奥的右手进行截肢手术，这样才能保住他的性命。但是他的家人都非常清楚弗朗西斯科·布西奥一生的梦想就是做一名优秀的外科医生，如果那样做，和要他的命没什么区别，于是他们断然拒绝这样做。救援人员花了3个多小时的时间终于把压在弗朗西斯科·布西奥手上的水泥板挪开了，并立即将他送往医院。接下来的几个月中，当墨西哥政府努力重建首都的同时，弗朗西斯科·布西奥也在重建自己的梦想，他知道只有恢复自己右手的功能，才能实现自己的梦想。

为了挽救弗朗西斯科·布西奥受伤的手，医生做了最大的努力，他们用了18个小时完成了手术。但一段时间过后，挽救弗朗西斯科·布西奥右手的希望越来越渺茫。在他受伤的手上，由于伤得太重，手指部位的神经已经无法复原。半个多月后，医生被迫截去了他除了大手指以外的其他四个手指。弗朗西斯科·布西奥坚强地面对着所发生的一切。当时的目标就是保住右手上留下来的拇指和其他功能。接下来的一段时间里，弗朗西斯科·布西奥又经历了大大小小5次手术。但他的手却还是没能恢复功能。失去了右手，弗朗西斯科·布西奥不得不面对这一残酷的现实。可他并没有因此而气馁，他开始寻找奇迹。

他要求到旧金山的戴维斯医疗中心显微外科主任哈里·伯思克医生那里继续治疗。因为伯思克医生倡导用移植脚趾来代替失去手指的方法。弗朗西斯科·布西奥意识到伯思克医生可能是他右手恢复功能最后的希望。他发誓只要伯思克医生能成功地完成手术，他自己将处理今后要面对的一切困难。

手术成功了，伯思克医生成功地用弗朗西斯科·布西奥的脚趾替换了他的无名指和小指。经过一段时间的刻苦练习后，弗朗西斯科·布西奥竟能用拇指和其他两个"手指"抓住东西了，这使得他可以做一些简单的事情。从复杂的手术中复原后，弗朗西斯科·布西奥立即将自己投入到紧张的恢复治疗和练习中。又经过一段时间刻苦的练习，他已经能拿着笔写自己的名字了。伯思克医生鼓励他说："手会根据它的用途恢复它的功能，你用它用得越多，它恢复得就会越好。"经过几个月的努力，弗朗西斯科·布西奥回到了墨西哥市总院，并承担一些有限的职责。他始终没有停止过努力恢复受伤的手的功能。他通过游泳强健身体，为了将手的功能恢复得更好，一遍遍地练习打数千个接口，然后再一个个地解开；他练习缝衣服，将食物切成很小的小块，他总是想尽一些办法努力恢复自己伤手的功能。开始的时候，他要完成这些即使简单的事情的动作还很别扭和令人沮丧，但弗朗西斯科·布西奥在坚持着，直到能将每项练习完成得十分精确，同时他也练习了自己的左手，使自己的双手可以运用自如。

终于有一天，弗朗西斯科·布西奥接受了他一生中最严峻的考验。一位资格较老的医生一直在观察弗朗西斯科·布西奥的进步，看到了他平时处理伤病时干净利落的手法。这个医生邀请弗朗西斯科·布西奥做他的助手，为一个折段鼻梁的人做手术。手术过程是极为精确的，因而弗朗西斯科·布西奥以为他的作用只能是帮助传递工具。当医生准备从病人肋骨上取下软骨用于做鼻梁时，他转向弗朗西斯科·布西奥说："你来取软骨。"弗朗西斯科·布西奥知道这是非常关键的时刻。如果成功地完成任务，将意味着他又可以重新回到手术台前，去实现自己的梦想——做一名真正的优秀外科医生。但如果失败了，则意味着所有的努力都将前功尽弃。于是弗朗西斯科·布西奥鼓足勇气，艰难地取下了病人的软骨。别的医生十分钟就能完成的事情，弗朗西斯科·布西奥用了一个小时，但这是胜利的一个小时，是改变他命运的一个小时。弗朗西斯科·布西奥后来描述这件事情的时候说："那个过程需要很多技巧，当我完成时，我清楚地意识到今后我什么都能做。"

与大多数人一样，弗朗西斯科·布西奥遇到了前所未有的困难。但是，他那种特有的勇气引领着他从逆境中走出。所以，弗朗西斯科·布西奥创造了属于自己的辉煌。

人生的路上，每个人都会遇到风浪。这时，就需要勇气为我们引航。大多数时候，我们之所以会失败，就是因为我们缺少勇气。当你的心不再被恐惧攫获时，你的勇气便会倍增，潜能便会爆发，而困难也自然会被你踩在脚下。要知道，人类的潜能是无限的，大多数情况下，我们不是输给了困难，而是输给了自己。

所以，不要被恐惧攫住心灵，那样你只会成为命运的玩偶。让勇气常留身边，你也会创造出属于自己的辉煌。

◆ 勇气引领人生

没有冒险者，就没有成功者，冒险是一切成功的前提。冒险可以将我们从安于现状的沉闷中解救出来，可以激发斗志。一个人若没有勇气，那么，无论做什么事情都会畏首畏尾，别人还没有将他打败，他自己却先退缩了。

没有不掀风浪的大海，也不存在没有波折的人生。面对困难，你的态度如何？大多数时候，我们不是被困难击败，而是被自己的恐惧所俘获，如果你的心中少了"害怕"两字，那么许多事情或许会好办很多。

有一种鱼，叫仙胎鱼。仙胎鱼在水中游动异常灵敏，再加上身体透明，在水中极难辨认，外行人想捕到仙胎鱼，简直像摘星星般困难。

然而，反应灵敏的仙胎鱼，却被内行的渔民大量捕捉。

渔民捕捉仙胎鱼的方法很简单，只要两个人各划一只木筏，在河中央相对拉开距离，再用一根粗麻绳贴着水面在两只木筏中间，然后两人同时划着木筏，缓缓往崖上靠。而在岸上等着的渔民一见木筏快靠岸了，便纷纷拿起鱼网，到岸边就能轻易地捞起仙胎鱼。

为什么只用一根贴在水面上的绳子就能把鱼赶到岸边呢？

原来仙胎鱼有一个致命的弱点：只要一有影子投射到水中，它们是宁死也不敢靠近的。水中一根绳子的阴影，竟把仙胎鱼赶进了死胡同。

有时，人生也会遭遇到生活的阴影，但如果像仙胎鱼那样，一见到阴影就胆怯、退缩，那么一抹小小的阴影，也会堵死人生的一切出路。

有一年大旱，本来一片水草丰美的池塘如今变得死气沉沉。在这个池塘里生活着一群鳄鱼，它们面临着严重的生存危机，没有水，没有食物……为了争夺那仅有的一点食物，它们甚至自相残杀起来，于是整个种群的数量越来越少。

炎炎的烈日，渐渐干涸的河床，还有同伴散发着臭气的尸体……

到处一片荒凉，到处弥散着死亡的气息。终于，有一只小鳄鱼，鼓足勇气爬出了这片池塘。有的鳄鱼劝它："还是待在这里吧，路途很凶险，不知会遇到什么危险。"但小鳄鱼没有动摇，它不想活活困死在这里。于是它上路了。

河水越来越少，就连最后的几只鳄鱼都没能逃脱死亡的命运。但是那只小鳄鱼，却在离开那片池塘之后，找到了一处水草丰美的地带。

勇气可以开辟另一个空间，可以让我们在困境中发现另一个世界。

哈代是爱迪生的朋友。他发明了很多有效的训练方法，从而为很多企业、学校和社会团体带来了好处，被公认为"视听训练法之父"，而这完全归功于他那种敢于冒险的信念。他的父亲在芝加哥有一处产业，他本可以在父亲那里得到一份稳定而保险的工作。但他没有，他要开创另一种全新的事业。一次很偶然的机会，他从电影胶盘的片盘中得到了启发，他产生了一个念头，那就是让胶片上的画面一次只向前移动一幅，以便让教师在授课时可以有充分的时间进行讲解。

当时还是无声电影的世界，朋友们只是告诉他人们不愿意坐下来看那些一次只能移动一下的画面时，他并没有惧怕，而是回答说："我仍然要冒这个险。"

后来，他又成功地实现了让画面与声音同步进行，从而创造了真正的视听训练法。

除此之外，哈代的冒险精神还体现在游泳上。他曾经两度入选美国奥运会游泳队，还曾经连续三届获得"密西西比河十英里马拉松赛"的冠军。

他决心在游泳方面做出改革，但是当他把想法告诉游泳冠军约翰·魏姆勒时，却受到了嘲笑。因为后者认为在水里进行改革实在是件很危险的事情。爬泳的姿势已经定型，不需要做任何的改动。另一个游泳冠军也告诉他不要去冒险，但哈代却执意要这么做，他说自己一定要冒险去试一试。

他对爬泳的姿势做了改动，使之更加自由和灵活，不仅大大提高了游泳速度，而且也缩短了划水一周所需的时间，这也就是今天的自由泳。如今，这种游泳方式已被大大地普及，我们在任何一个游泳池都能看到，而哈代也因此被称为"现代游泳之父"。

人生是一个圆圈，在这个圆圈里有固定的属于自己的舒服区。如果不走出这个舒服区，人生的圆圈就只能那么大；只有勇敢地跨出自己的舒服区，才能拓展自己的人生，也才能得到更多的东西。

所以，我们无论是处于顺境，还是处于逆境，只有勇敢地去面对，积极地采取坦然和克服的心境，才能在通往成功的道路上立于不败之地。